眼が不自由な犬との暮らし方

共に幸せに生きるために訓練をしよう

著　キャロラインD.レヴィンRN
監訳　小林 義崇
翻訳　稲垣 真央　田村 明子

よし
"ステップ"！

グッド・ボーイ！

緑書房

Living With Blind Dogs
A Resource Book and Training Guide for the Owners of Blind and Low-Vision Dogs
Second Edition

Copyright © 1998, 2003 Caroline D. Levin. All rights reserved. This book may not be reproduced in whole or in part in any manner.

Japanese translation © 2014 copyright by Midori-Shobo Co., Ltd.
Japanese translation right arranged with Lantern Publications.

Lantern Publications 発行の Living With Blind Dogs の日本語に関する翻訳・出版権は株式会社緑書房が独占的にその権利を保有する。

免責事項
本書の内容は、最新の知見をもとに細心の注意をもって記載されています。しかし、科学の著しい進歩からみて、記載された内容がすべての点において完全であると保証するものではありません。本書記載の内容による不測の事故や損失に対して、著者、監訳者、翻訳者、編集者ならびに出版社は、その責を負いかねます。(株式会社　緑書房)

この本を彼らに捧げます。

"ブロッサム"とジョー＆エルケ・ガルシアさん，
"ノーマン"とスティーブ＆アネッテ・マクドナルドさん，
"バディ"とケリー・ヘイズさん，ロバート・クルツさん……

私にこの本を書かせてくれた，3頭のとても特別な犬たちとそのご家族たちに……。

謝　辞

　助けてくれた家族と友人たちへ……。

写真撮影のクルーとキャスト
　夫であるダニエル・レビンと私たち夫婦の犬たち，ダックスフンドの"アルフィ"と"ミロ"，ボクサーの"リープヘン"，"ビーレン"，そして"ソフィー"，デイブ・ラスムッセンとロットワイラーの"バッバ"，ジェイン・ライトとチワワの"カルメン"，パット＆デニス・レイスとブリタニー・スパニエルの"サミー"と"シャイアン"，ナタリー・シェランズ，ティモシー・シェランズ，ナターシャ・シェランズとマスティフの"コロンボ"と"スリラー"，ジョアン・バトラーとミニチュア・シュナウザーの"キズィー"と"ティリー"，ミリッサ・ダンサーとシー・ズーの"レオ"，エレイン・レスナーとイングリッシュ・スプリンガー・スパニエルの"ケイティー"，ローリー・タトルとラブラドール・レトリーバーの"モリー"，ロイス・ゴリックとシェットランド・シープドッグの"タラ"，ヘルガ・ヅィンクとパピヨンの"ルディ"，そしてシェットランド・シープドッグの"クリスティ"，レニー・ハワードとボクサーの"ヴィニー"，シャーロット・"チャッキー"・ストートンとキースホンドの"ケイシー"，キム・フォーブラグド．

写真を提供してくださった，失明した犬のご家族たちに感謝します．
　ベブ・バーナさん，リー・スレイトンさん，キャシー・ステファンコさん，キャサリン・ジェイミーソンさん，シェリ・バーガートさん，ジョン・ウィルマースさん，ジョイス・カロザースさん，ローレン・エメリーさん，シェル・ワードリップさん，オリヴィア・ブラヴォーさん，ジェイミー・ウェストさん，デボラ・ウィービーさん，クローデット・トリムブレイさん，アンジェレ・フェアチャイルドさん，パム・ラーディアーさん，マギー・バックさん，ゲーリー・ベセットさん，そしてゴールデンズ・イン・サイバースペースの皆さん．

　これまでに私に情報をくださった，その他の数え切れないほどの，失明した犬のご家族たち．あなた方こそ真の「エキスパート」であり，あなた方なくしてはこの本を出すことはできなかったでしょう．1人ひとりのお名前をここに挙げることはかないませんが，皆さんに感謝しています．

　オビディエンス・インストラクターのドーン・ジェックからはたくさんのことを学びました．ありがとうございました．彼女の犬の行動についての知識は卓越しています．ドーンと知り合うことができて幸運でした．

　私が一連のプロジェクトに必死で取り組んでいる間ずっと助けてくれた，私の家族と友人たちに感謝しています．夫のダニエルの存在なくしては，本を書くことなどできなかったでしょう．そして編集者のアンドレア・ロトンド・ポスピロールの努力にはいつも感謝しています．

　そして最後に，獣医師の五十嵐治先生と夫人の五十嵐律代先生．私の仕事に対するお２人の関心とサポートに謝意を表します．また，日本語版の出版のためにご尽力いただいた獣医師の小林義崇先生と稲垣真央先生，そして田村明子さんにも感謝しています．

序　文

　10年間，眼科看護師として勤務した後，私は獣医眼科病院に転職しました。それまでドッグスポーツに大いに力を注いできたため，転職することにためらいはありませんでした。その結果，犬への愛情と，それまで学んできた眼科の知識を結びつけることができました。

　勤務していた動物病院では，眼の病気を持つ犬を数多く治療し回復させてきましたが，一方で，失明で回復は不可能と診断された犬の診察に立ち会うこともありました。ご家族にとってはつらい瞬間であり，涙を流す人も多くいました。

　多くのご家族は失明という事実に対し，「どうしよう」と幾度となく戸惑っていました。視力を回復させてあげることはできなくても，獣医師や動物看護師が犬のためにサポートできることはたくさんあり，ひいてはそれがご家族へのサポートにもなるのだということが分かりました。

　犬とそのご家族が共に失明に慣れるまでには，サポートが必要であるということに気づきました。クオリティ・オブ・ライフ（QOL：生活の質）を良好に保つために，犬は新たなスキルを身につけなくてはなりません。そして，ご家族は先生となって犬を応援し，犬が新たなスキルを身につけていくためのサポートをしなくてはなりませんから，彼らにもサポートが必要でした。

　あなたとあなたの犬が時間を重ね変わっていくにつれて，あなた自身がいろいろな役割を果たしていることに気づくでしょう。あなたが犬の介護士となることもあれば，一方であなた自身にもケアや，勉強が必要となることもあります。私がこの本を書いたのはそのためです。

　私の最初の目標は，自分の犬を失明と診断されたご家族が，その悲しい事実と向き合うための手助けをすることでした。次の目標は，失明の原因となった病気についての知識をご家族に提供すること，そして最後は，失明した犬が，生涯を幸せに精一杯楽しんでもらえるようなスキルを身につけるためのお手伝いがしたいと考えました。

　本書では，雄，雌に関わらずすべて「犬」，または「彼」と書くことにします。しかし，失明の発症率が雄犬で高いということではありません。

　本書の初版以来，失明を起こす犬の病気やその原因についての本をいくつか書いてきました。そこから学んだ知識を生かして，この第2版を執筆することができました。

キャロライン D. レヴィン RN

目　次

献辞 …………………………………………………………………………… 3
謝辞 …………………………………………………………………………… 4
序文 …………………………………………………………………………… 5

第 1 章　失明と向き合う ……………………………………………………… 9
第 2 章　眼の解剖学 …………………………………………………………… 15
第 3 章　失明を引き起こす病気 ……………………………………………… 19
第 4 章　遺伝子と失明 ………………………………………………………… 39
第 5 章　失明に対する犬の反応 ……………………………………………… 43
第 6 章　群れの生活と行動の変化 …………………………………………… 47
第 7 章　訓練の手法 …………………………………………………………… 59
第 8 章　失明した犬が身につける新しいスキル …………………………… 69
第 9 章　家の中をマスターする ……………………………………………… 101
第10章　庭をマスターする …………………………………………………… 115
第11章　地域をマスターする ………………………………………………… 123
第12章　遊びの時間 …………………………………………………………… 133
第13章　白杖やその他の道具 ………………………………………………… 151
第14章　視覚障害と聴覚障害のある犬 ……………………………………… 163
第15章　生まれつき眼の見えない犬 ………………………………………… 171
第16章　今日の犬たちと視覚 ………………………………………………… 175

最後に ………………………………………………………………………… 179
参考文献 ……………………………………………………………………… 183
著者について ………………………………………………………………… 187
監訳をおえて ………………………………………………………………… 189
監訳者・翻訳者プロフィール ……………………………………………… 190

第1章 失明と向き合う

　自分の犬が失明と診断されたら，強い喪失感を覚えるご家族は多いと思います。この本にさっと目を通しただけで悲しみに打ちひしがれる人もいるでしょう。悲しみのあまり涙を流したり，怒りを覚えたり，孤独感に苛まれることもあると思います。失明してしまった犬を安楽死させることさえも考えるかもしれません。でもこれらはすべて正常な反応なのです。

　失明という，どうすることもできない事実に対する無力感を，ある飼い主さんは「"健康体"から突然"障害犬"となったことに対する，特別な悲しみ」と表現しています。

　ご家族の中には，クオリティ・オブ・ライフを今後どの程度期待できるのかということについて，犬のことを考えて悲しむ人もいれば，自分自身を悲しむ人もいます。

失明する前と同じようにこれからも愛せるだろうか？
他の犬と同じように健康でいられるだろうか？
友達や家族は同情するのだろうか？
私の犬は不幸なのだろうか？

というように自分自身に問いかけます。

　作家のエリザベス・キューブラー・ロスは悲しみに対する療法の研究で有名ですが，人が喪失と向き合う時には，主に次の5つのステージを通ると説明しています。否定，怒り，交渉，絶望，そして最後に受容です。この過程は，犬の新たな状況に適応していくご家族の心理状態に当てはまります。

　悲しみはジェットコースターのように浮き沈みを繰り返し，人はこの過程をさまざまな順序で進みます。
　1つのステージを通り抜けても，結局後で戻ってきてしまうパターンもあれば，同時に2つ以上のステージを経験する人もいます。

　悲しみへの対処法は人それぞれで，犬とどのような関係を築いているかで違ってくるかもしれません。深い絆で結ばれていた場合はその悲しみは計り知れないほど大きいでしょう。もしご家族が何か他にも大切なものを最近失ったとしたら，悲しみはより激しいものになるでしょう。

否定

　はじめに，失明への反応としてよく起こるのは否定です。否定することで悪い知らせから心を防御します。ご家族によっては，「この診断は間違いである」もしくは「奇跡的にも回復するかもしれない」と言ってほしいと願って，セカンドオピニオンあるいはサードオピニオンを求めるかもしれません。

　否定している時は，ご家族は状況を現実として受け止めることができません。自分の犬は視覚を失ってなんかいないというふうに犬との生活を続けるでしょう。治療をやめてしまうことさえある

かもしれません。この段階で、ご家族は自分の犬と心の中で距離を置いてしまうこともあります。犬となるべく関わらないようにして、自分自身の痛みと向き合うことを避けてしまいます。

怒り

やがて否定は怒りへ移行します。

「こんなの不公平だ！ なぜうちの犬だけこんな目に遭うのだろうか？」

このように、ご家族が自分自身に問いかける時期でもあります。

通常、人は犬の世話係であり、保護者であり、そしてしつけ係でもあります。犬が失明した時点でご家族が、もはや何もすることもできないと感じると、これが怒りにつながってしまうのかもしれません。自分の犬の幸せが約束できないということが非常にもどかしく、怖い気持ちにさえなることもあります。

動物病院スタッフに対して怒りの感情を抱くことも不思議ではありません。ご家族の気持ちとしては、この獣医師はこんな診断をしたばかりでなく、病気を治すこともできないのかと考えてしまうのです！

怒りは時に友人やご家族にも向けられ、犬をどのように世話するかについて、責めることもあるかもしれません。しかし、これは飼い主さん自身の悲しみが爆発したものにすぎないと理解することが大切です。

怒りは犬にさえ向けられることもあるでしょう。もちろん、決して失明してしまった犬を責めているわけではなく、ただ憤り、視覚を取り戻してあげられたらと願っているだけなのです。幸いにも犬はとても寛大な生き物ですから、決してこ

のステージを思い出すことはないでしょう。

この怒りのステージに伴って罪悪感が生じることがあります。ご家族によっては自身の犬へのケアの仕方に疑問を感じ、何か失明の原因となることをしてしまったのではないかと考えてしまうかもしれません。このような罪悪感はさまざまな悪い形で現れることがあります。たとえば、犬を過保護にしすぎるのはその1つの例でしょう。

交渉

怒りのステージは交渉へと移行することがあります。否定や怒りが問題解決にならないとすると、治療のために何か交渉できることもあるのではないかと思うようになるのです。

交渉のステージでは、神にひそかに頼ることもしばしば見られます。1つの例として、「もしあなたが犬の視覚を取り戻してくれたら、わたしは2度と犬を叱ったりしません」というように。交渉とは希望を持ち続けるための手段ですが、このステージは多くが一時的で、絶望のステージへと移ってしまいます。

絶望

絶望や悲しみは、失明という事実がもはや否定できなくなると生まれます。失明することがまるで死の宣告や、少なくとも犬にとって重大な障害であると誤ってとらえてしまうご家族もいます。森をハイキングしたり、海辺を一緒に走ったりというような犬にとっての最大の楽しみを味わうことは、もはやできないと考えてしまいます。

友人はそのような悲しみにくれたご家族を励まそうとするかもしれませんが、このステージを経験し乗り越えることはとても大切なことです。ご

失明したグレーハウンドの"ブーマー"。ローレン・エメリーさん提供。

家族それぞれが悲しみを味わうことは不可欠であり，悲しみとは，本来は癒しのための感情なのです。悲しみを味わうことで今後のために備えることができ，眼の見えない犬と暮らすという現実をご家族が受けとめることができるようになります。

計画表のようにあらかじめ設定されているわけではなく，このステージを通るのにかかる時間は人により大きく異なります。やがて，悲しみや無力感は最終ステージ，すなわち受容へと移行していきます。

受容

前のステージをすべて克服してたどりつくのは，受容というステージです。ここまでの過程に平均時間というものはなく，あるご家族は，「かかったぶんだけの時間」と表現しています。親身になってくれる友人に話を聞いてもらったり，どんなに小さなことでも犬と共に過ごす時間を一緒に喜び楽しんだりして，やがて乗り越えていきます。

ご家族がひとたび孤独を感じなくなり，否定，怒り，絶望が消失すれば，解決のステージとなります。ここでご家族は患者としてではなくむしろ介護者となり，健康管理についての知識を最も受け入れられるようになります。

もしご家族が受容のステージまでまだ達していなければ，犬を介護することに抵抗を示すかもしれません。また，獣医師が指導したことを忘れてしまうかもしれません。ここは動物病院スタッフと，失明と診断された犬のご家族の両方にとって大切なステージです。

受容のステージに達していくにつれ，大切なのは次のように考えることです。

今，この年齢で自分の犬にできる「仕事」とは何だろう？

牧羊犬や狩猟犬，介助犬として飼われ，実際仕事をしながら生活をしている犬を除いて，今日の犬は仕事を持っていないのが普通です。たいてい家の中で必要最小限の役割を果たしているだけですが，玄関に誰かが来たことを知らせるなど，いろいろな形で寄り添ってくれます。そして私たちを笑顔にしてくれます。

失明してしまったことが犬にとっても打撃となるのは明らかですが，ご家族も犬も今まで通りの

失明した犬でも，眼の見える犬と同じように何でもすることができます。

失明したチワワの"ボビー・スー"。シェル・ワードリップさん提供。

日常生活を送り，遊ぶことができることを忘れないでください。

　この本を読むことで，ご家族の皆さんにご自身の犬が"健康体"であるという感覚を取り戻せるような知識と自信をつけていただけたら幸いです。そうすれば，犬の健康管理についての意識を再び取り戻せるでしょう。

　時が経つにつれ，失明との付き合いは日常生活の一部にすぎないと感じられるようになるでしょう。

　そうなると今度は，すぐにエキスパートになって，一気にいろいろなことを学ばなくてはならないと思うかもしれません。

　しかし，犬の訓練と健康管理について学ぶことは旅に出るようなものです。犬がどんな行動を取り，適応していくのかについて，あなたは日々理解を深めていくでしょう。この本の中でご家族の皆さんが今必要なところをまずお読みいただき，時間があれば他の章も読んでみてください。1つずつ取り組めば，どんなことにも対処できるようになると思います。

　訓練が進んでくると，犬との結びつきがより一層強くなることが感じられると思います。適応していく犬をサポートすることで信頼はより深くなり，コミュニケーションも増すでしょう。特殊なニーズに対して介護することで，犬との関係は特別なものになります。

子どもと失明

　子どもたちにもこの悲しい出来事を一緒に体験させてあげてください。子どもはペットととても深い絆を築くので，失明という現実は特に恐怖を与えてしまうと考えられます。そして怒りや不安を感じることもあるでしょう。

　このつらい体験を通し，子どもたちは多くのことを学びます。たとえば，感情を上手に表すこと，さまざまなことに対応するためのスキルの身につけ方，他人への配慮などです。一緒に悲しみを体験させてあげてください。

　子どもは周囲の様子がいつもと違う時，それをはっきりと感知します。この話を避けようとしたり，嘘を言ってごまかしたりすれば，子どもの信頼を失い，わけの分からない恐怖を与えることに

なります。

　大人は，子どもの感情を尊重し，失明とつき合う自信を持たせなくてはなりません。

　オープンかつ正直でいれば，子どもはいろいろと聞きやすいでしょう。率直に答えることが一番です。子どもは何度も繰り返し考えることが必要ですから，根気強く接してあげてください。適切と判断されればいつでも，犬がトレーニングする過程にご家族全員が携わり，失明している犬との接し方を教えてあげてください。

第2章　眼の解剖学

　失明した犬のご家族の中には，自分の犬の状況を把握しきれていない人も多くいます。自分の犬の失明についてたずねられても，「獣医さんの言ったことがよく理解できなくて，困惑しています」というような答えが返ってきます。

　人の病気の際にも見られるように，診断によってショックを受けると，病気についての情報を把握できなくなってしまうことがあります。聞いたことを頭の中で処理できない，またはすぐに忘れてしまいます。医療専門家によれば，患者は病院で聞いた情報のおよそ80％を忘れてしまうとされています。さらに，悪いニュースを伝えることに医師が慣れておらず，理解できるように明確に説明をしていないということもあるかもしれません。これからの2つの章はこの状況を解決してくれることでしょう。

　しかし，失明の原因をお話しする前に，犬の眼の構造について知っておくことが必要です。この章は犬の眼の正常な解剖（構造）と，生理（機能）についての概要をいくつかご説明します。あなたの犬の状態と行動についての理解の一助となるでしょう。

> 注：以下に示す図はさまざまな眼の構造を分かりやすくするためにつくったものです。正確な解剖図を示すものではありません。

角膜

　眼の最前部の組織を角膜と呼びます。この薄く，通常透明な組織はいくつかの細胞層から成り立っています。これらの細胞は角膜を透明に保ち，眼の中に光を通すという機能を持っています。犬の眼においては，角膜は主に網膜（眼の後

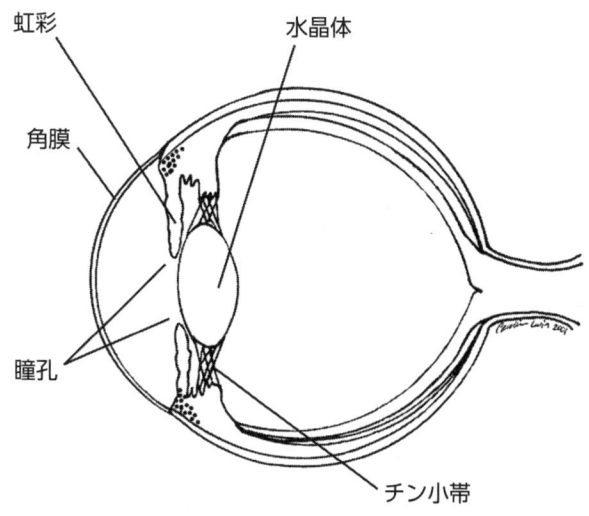

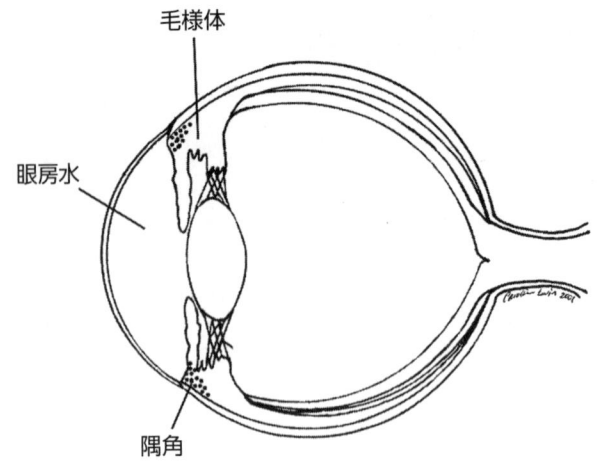

部の内層の膜)上に光を集める働きを持っており、脳へはっきりとした像を伝達するのに役立っています。

な)。水晶体は角膜とともに網膜に光を集めたり、見ているものに焦点を合わせたりする役割を持っています。

虹彩と瞳孔

　虹彩は角膜の後ろに位置しています。眼の中で色を帯びた部位であり、犬の眼が青かったり茶色かったりするのはこの構造のためです。眼の中でまぶしい光をさえぎる働きを持つ一方、視覚を補助するため、虹彩は暗い所では散大します。そのため、弱い光でも眼の中に通すことができます。

　虹彩の真ん中の開口部は瞳孔と呼ばれます。瞳孔を通して眼球の後部が観察できますが、そこはとても暗いため、瞳孔は黒い点のように見えます。

水晶体

　水晶体は虹彩のちょうど後ろに位置し、小帯と呼ばれる微細な線維で保持されています。水晶体は通常透明で、虫眼鏡のレンズのような形をしています(またはM&M'sのチョコレートのよう

眼房水

　角膜と水晶体の間の空間を前眼房と呼びます。ここには眼房水が満たされ、角膜に栄養を供給しています。

　眼房水は、排泄と同じ割合で産生されています。犬の正常な眼圧は12〜25mmHgと幅があります。眼房水の交換は眼球の外で起こる流涙とは別であり、すべてが眼球の内部で行われます。

毛様体と隅角

　毛様体は虹彩のすぐ横にあり、眼房水を産生しています。眼房水は、線維柱体網や、隅角と呼ばれる小さな排泄口から排泄されます。この部位は虹彩と角膜の間にあり、ここで、虹彩が眼球の壁に接しています。

　眼房水は産生とおおよそ同じ割合で排出され、これによって眼内の圧力を一定に保っています。

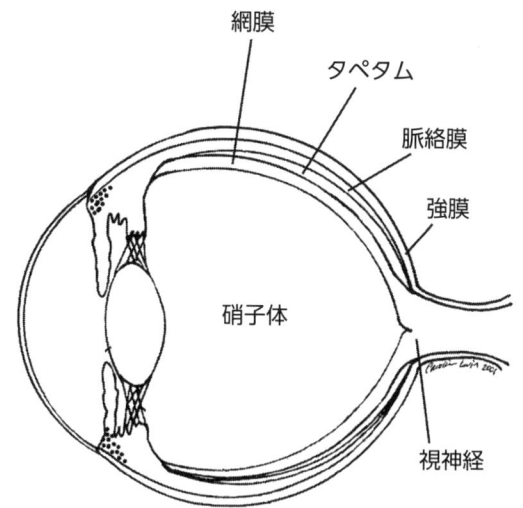

　ご家族や獣医師の話では，眼圧は正常な範囲でもある程度の変動があるようです。眼圧は朝から夕方にかけて変動する傾向があり，荒天時（大気圧が低下する時）や山あいのドライブ（海抜の高い所）においては急上昇または急低下するそうです。

網膜

　眼球の後部は網膜という精密な膜で裏打ちされています。網膜は10層から成り立っており，そのうちのいくつかの層はこの本の内容を理解するために重要です。

　最も内側の層の1つは神経節細胞から構成されています。これらの細胞は眼球からの視覚情報を視神経，さらには脳に送っています。神経節細胞は神経細胞ととてもよく似た働きをしています。神経節細胞は，神経細胞が全身に信号を送るために必要な物質と同じ神経伝達物質（脳内化学物質）により刺激を受けて反応します。

　桿体と錐体の下には網膜色素上皮細胞があります。この薄い細胞層は桿体と錐体に栄養分を供給しています。

　網膜の深層には，桿体および錐体と呼ばれる特殊な光受容体細胞の層があり，ものを見る時には大変重要な役割を持っています。光によってこの桿体と錐体が刺激されると，まず化学物質が生じます。この化学物質は電気刺激に転換されて眼球から視神経乳頭へ伝わっていきます。この電気刺激を私たちは視覚として認識しています。

　桿体は暗い所で機能し，動くものを感知する能力にすぐれています。犬の眼は桿体が大部分を占めており，これは餌を求めて狩りをする動物に共通して備わった特徴です。狩りをする動物にとっては細かいものを見る能力よりも動きを見分ける能力の方が重要だからです。

　錐体は，主に明るい光の中において機能し，細かくものを見る時に役立っています。また，色の識別にも関与しています。主観的または客観的な検査にもとづいて，犬もある程度は色の識別ができると獣医眼科医は考えています。

硝子体

　水晶体と網膜の間は硝子体という物質で満たされています。硝子体はゼリー状の物質で，眼球の形態を保つ役割を持っています。

タペタム

　タペタムとは，ヒトでは見られない構造で，網膜のすぐ外側にあります。光を反射したり増幅したりして，桿体細胞と共に夜でも見やすくする働きを持っています。

　タペタムがあるために，多くの犬では眼に光が当たると緑色に光って見えます（トイ種や青い眼をした犬種ではタペタムの大きさが小さいか，全くない場合もあります）。

脈絡膜

　タペタムの後部は脈絡膜という膜が覆っています。主に血管で構成されており，網膜に栄養を供給しています。

強膜

　最も外側に位置し，眼球を包む膜を強膜といいます。堅くて線維性の組織であるため，眼球を形づくり，内部の構造を守る役割をしています。

　さて，皆さんに犬の基本的な解剖学をある程度理解していただけたところで，失明の原因となる病気のお話しをしたいと思います。失明には完全な失明と部分的な失明，痛みを伴うものと伴わないもの，また時に他の症状と関連する場合もあります。あなたの犬の病気を理解することは，あなたが彼を助けることにもつながるのです。

第3章　失明を引き起こす病気

　眼科医は，さまざまな検査を実施して失明の原因となる病気とその進行度を診断します。検査には複数の検眼鏡が必要なこともあります。水晶体や隅角，虹彩などの眼の中の構造は，これらの機器を用いてしっかりと観察することができます。水晶体が透明なら，硝子体と網膜も透見することができます。

　明るい光を両眼に交互に当て，瞳孔対光反射（PLR）を評価します。視覚が低下していたとしても瞳孔対抗反射に異常がなければ，脳に至る経路には通常問題がないことを示します。威嚇瞬き反応（または瞬き反射）では動くもの（獣医師の手）を避けようとする犬の自然な反応を評価します。障害物をよけて歩けるかどうかをテストすることもあります。

　眼科医に網膜電図（ERG）を勧められることもあります。心電図（ECG：心機能を評価する検査）と似たもので，ERGは網膜機能を評価するものです。この検査は全身麻酔下で行われます。電極を頭のまわりに取りつけ，さまざまな光で眼を刺激します。網膜機能が正常なら，波形が画面上に現れます。一方，波形が平坦であるか，消失している場合は網膜が正常に機能していないということになります。ERGは網膜の病気の診断や，白内障手術に適応するかどうかを調べるのに有用です。

　ご自宅で犬の視覚を検査したい時は，犬のしぐさを観察しますが，においを嗅ぐしぐさなどで判断を誤ってしまう可能性があります。適切な評価をするには，綿球をお腹の高さで犬から数フィート（メートル）離れて保持し，それを落下させて眼で追う様子を観察するのが評価を適正に行う方法の1つです。

　次に，犬の失明の原因をいくつかお話しします。失明には数多くの原因が存在しますが，ここでは最も一般的な原因疾患についてお話しします。

乾性角結膜炎（KCS）またはドライアイ症候群

■概要

　病名から分かるように，KCSは眼の周囲にある涙腺からの涙の分泌が減少して起こる疾患です。

■原因

　KCSには数多くの原因があり，サルファ剤や消炎剤，放射線，正常な加齢性変化，外傷，涙腺（涙を産生している）の外科切除，あるいは自己免疫機能の破綻です。自己免疫機能の破綻では，本来外部からの異種のアミノ酸鎖（ウイルスや食物抗原など）を攻撃するために産生されたはずの抗体が，自分自身の眼の涙液産生組織を攻撃してしまうために起こります。

■兆候／症状

　乾燥やかゆみ，角膜潰瘍が一般的ですが，緑色または薄茶色の粘性眼脂が出ている状態を「ねばねばした眼」と訴えるご家族もいます。KCSは眼の感染と誤診されることがよくありますが，抗生物質では治りません。

　また，KCSは全身性紅斑性狼瘡（SLE）や，糖尿病，甲状腺炎などの自己免疫疾患と併発するこ

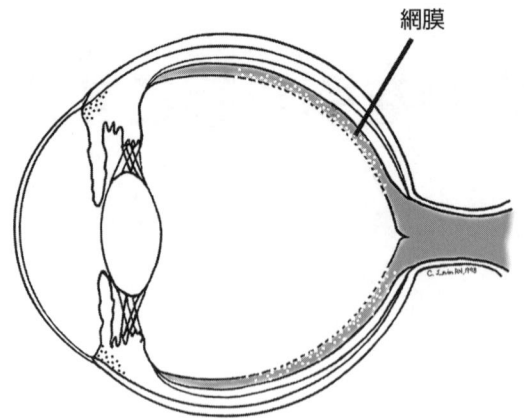
網膜

ともよくあります。

■予後

一般的には生涯にわたる治療として、痛みを伴う角膜潰瘍や瘢痕、視覚喪失の進行の予防が必要となります。

■治療

KCSではシクロスポリン点眼液による治療が一般的で、この薬剤は自己免疫反応を低下させるとされています。他の治療薬にはオプティミューン点眼液や眼軟膏（作用の弱いシクロスポリン）、または抗生物質が主成分のKCS点眼液、粘液分解剤（粘液を分解する成分）、または潤滑剤が使用されます。補助療法としてピロカルピン（涙液産生を刺激）、または市販の潤滑点眼薬などがあります。

進行性網膜萎縮症（PRA）または進行性網膜変性症（PRD）

■概要

現在、網膜異常を起こす疾患群を表す言葉としては、PRAとPRDのどちらもが用いられています。この疾患には複数の型がありますが、2つの疾患がその大部分を占めます。1つ目はびまん性PRAで、早発型と遅発型の両方があります。2つ目はかつて中心型PRAと呼ばれていた疾患で、現在では網膜色素上皮変性症（RPED）に再分類されています（22ページ参照）。

PRAでは網膜細胞が徐々に劣化し萎縮してしまいます。検査においては、薄くなった網膜細胞を通して、タペタム（網膜の直下にある層）が通常よりも光って見えるのが観察できます。時間の経過と共に視覚は低下し続けるため、進行性と表現されています。PRAは痛みを伴わない疾患です。

びまん性PRA
■原因

PRAの原因には誤解がいくつかあります。この疾患は外傷や産箱用加熱ランプの使用などで起こるわけではなく、遺伝性で両眼共に罹患する病気です。そのほとんどが単一遺伝子の劣性遺伝によるものです。

■兆候／症状

PRAでは瞳孔が散大し、虹彩（有色の部位）がほとんど見えなくなります。瞳孔の散大は、より多くの光を網膜へ届けようとする生体の反応です。網膜細胞が劣化すると、タペタムが緑色に光っているのが顕著に見えるようになります。白内障を併発することもあります。

びまん性PRAには2つの型があります。1つは生後早期に発症するもので、早発性PRAまた

は桿体-錐体異形成と呼ばれます。異形成とは桿体または錐体が正常に発達しないことを指し，すぐに細胞は変性します。発症時期は6週～2歳齢までが多く，罹患しやすい犬種としてコリー，アイリッシュ・セター，ミニチュア・シュナウザー，ノルウェジアン・エルクハウンドがあげられます。

もう1つは，およそ2～6歳齢くらいになるまで明らかな視覚低下が見られないタイプのPRAです。これは遅発性または進行性桿体-錐体変性症（PRCD）と呼ばれ，アメリカンおよびイングリッシュ・コッカー・スパニエル，アメリカン・エスキモー，ベルジアン・マリノア，イングリッシュ・セター，ラブラドール・レトリーバー，ミニチュア・プードル，パピヨン，ポーチュギーズ・ウォーター・ドッグ，ロットワイラー，そしてサモエドに多く見られます。

びまん性PRAでは，早発性，遅発性共に，ご家族がはじめに気づくのは，その多くが夕方や夜など暗い所での視覚の低下です。これは桿体細胞がまずはじめに侵されるためです。

やがて時間が経つと錐体細胞も変性し，昼間の視力も低下してきます。犬はものにぶつかったり，ソファに飛び乗る時には目測を誤ってしまいます。長い階段を下りたり，車に飛び乗ったりと，以前できていたことを嫌がるようになります。

■予後
PRAにはさまざまな型があり，犬種によっても異なるため，予後も多岐にわたりますが，いずれも完全な失明に至ります。若齢で発症した場合，その進行は早いという獣医師もいます。最初に視覚低下の兆候が認められてから，半年から1年で末期にまで進行してしまうのが一般的です。

飼い犬の行動の変化にご家族が気づくまでに，実は病気はかなり進行しています。友人の家に連れて行くなど，不慣れな環境でものにぶつかるしぐさによって，視覚が低下していることがはじめて明らかになります。視覚低下が徐々に進行する場合には，身の回りの慣れた環境であれば犬がうまく適応できるということを示すよい例です。

この場合，ご家族は「犬が突然失明してしまった」と誤って考えてしまいがちです。しかし，実際は庭や家のレイアウトを少しずつ覚え，においや音，温度の変化などのわずかな手がかりを駆使して動きまわることを学習したということなのです。その結果，ご家族は犬が不慣れな環境に置かれた時にはじめて視力の低下に気づくことになるのです。

■治療
びまん性PRAの場合，今のところ，根本的治療法はありません。予防をすることがこの病気の1つの治療法と考えることもできます。その予防とは，罹患犬または罹患犬の兄弟や父母が未検査である場合は繁殖に用いないことです（詳しくは第4章「遺伝子と失明」を参照してください）。

兄弟の中でPRAに罹患している子犬がいる場合，兄弟の中に欠陥遺伝子を持ったキャリアの子犬が他にもいるということを示しています。キャリア犬であるか正常犬かを調べずにこの兄弟を繁殖に用いてしまうと，罹患犬を生み出してしまうことになります。近年，数多くの犬種において，PRCDの検出に遺伝子検査が実施できるようになりました。ブリーダーはこのような検査を用いて正常犬の血統を見分けることができます。

この病気に罹患した犬は白内障発症の可能性を確認するために，獣医眼科医による検査を年1回受けることをお勧めします。

網膜色素上皮変性症(RPED)または中心性PRA

■概要

　中心性PRAは、かつて考えられていたほどびまん性PRAと病態が関連していないことが分かり、近年網膜色素上皮変性症(RPED)と改名されました。

　新たな研究では、RPEDの原因はビタミンE欠乏症であり、肝機能不全に二次的に生じると報告されています。この病気はボーダー・コリー、コッカー・スパニエル、ラフまたはスムース・コリー、ゴールデン・レトリーバー、ハンガリアン・プーリー、ラブラドール・レトリーバー、シェットランド・シープドッグ、ウェルシュ・コーギーなど多くの犬種で罹患します。

■原因

　RPEDでは、桿体や錐体のすぐ外側に位置する薄くて色素を帯びた細胞層から変性がはじまります。その後、桿体や錐体が変性します。研究によれば、血液中のビタミンE濃度を十分に維持できないために発症することが示唆されています。肝臓のビタミンE代謝に関する遺伝子の異常が原因と考えられています。

　ビタミンEは網膜や免疫機構を正常に保つために重要な栄養素であり、抗酸化物質として酸化ストレスから網膜細胞膜を保護する作用があることが研究により示されています。

■兆候／症状

　RPEDでは、変性は網膜の中心部に限定しています。発症年齢はさまざまで、1～6歳齢もしくはそれ以上にわたり、使役犬に好発する傾向があります。

　RPEDに罹患した犬は、びまん性PRAと異なり、日中の視覚低下がまず起こります。中心部の視覚が低下することにより、目の前の静止物の位置をつかむことができなくなります。周辺部の視野はまだ残っているために、転がるボールなど動くものは認識することができます。

■予後

　RPEDはびまん性PRAよりも進行が遅く、必ずしも完全な失明には至るとは限りません。ある程度の周辺部の視覚は残る傾向にあります。ビタミンEのサプリメントの使用はRPEDの進行を遅らせることが報告されています。

■治療

　ロンドン大学ロイヤル獣医学部の研究者たちは、1日2回600IU(免疫単位)～900IUの天然由来のビタミンEを犬の食事に添加して与えることを推奨しています。天然由来のビタミンEは*d*-αトコフェノールと表示され、合成ビタミンEの場合は*dl*がはじめについて表示されます。合成ビタミンよりも天然由来のビタミンの方が体に効率よく吸収されます。

　日常の食事にビタミンEを多く含む食品を追加することによって、天然由来のビタミンEを包括的に摂取することができます。ビタミンEを多く含む食品にはブロッコリーや葉物野菜などの緑色野菜、植物由来オイルや卵の黄身、イワシ、アーモンド、サツマイモ、冬カボチャ、トマト、ピーナッツ(ピーナッツバター)などがあります。

　PREDに罹患しやすい犬種は定期的な検査を行うことが勧められます。これにより網膜の変化を初期の段階で発見し、明らかな視覚低下に至るのを予防できるかもしれません。

突発性後天性網膜変性症(SARD)

■概要

　突発性後天性網膜変性症(SARD)が最初に報告

されたのは1980年代のはじめです。両眼共に光受容体細胞(桿体細胞、錐体細胞)の劣化をきたす病気で、犬は突然あるいは一夜にして視覚を喪失してしまいます。SARDは雄よりも雌で多く見られ、6〜10歳齢の間で一般的に認められるようです。犬種特異性はありません。最近まで、視力を完全に失い全盲に至ってしまうとされていました。

失明によって体の痛みは起こしませんが、ほとんどの犬で過剰な喉の渇きや、失禁、空腹、肥満、不眠、嗜眠、混迷、皮膚や被毛の変化などの身体的異常が併発します。これらの異常は、かつてはコルチゾールの過剰な産生、またはクッシング症候群(コルチゾールは副腎で産生される体由来のステロイドホルモンの1つ)によるものとされてきました。しかし、検査によってクッシング症候群と診断された犬はほとんどいません。実際には近年、SARDに罹患した犬の多くで副腎の疲弊が認められており、これによって副腎のコルチゾールの分泌が不足したり、性ホルモンを過剰に分泌してしまいます。

■原因

ここ何年にもわたり、SARDの原因はいくつもの説が考えられてきました。

興奮毒性(けいれんと同義語)、アポトーシス(細胞死の伝達)、自己免疫疾患(体による自己組織への攻撃)、そして副腎の疲弊(性ホルモンの上昇による多発性の身体異常の誘発)などが考えられています。

■自己免疫疾患説

ある研究者グループはSARDが自己免疫疾患であると述べています。しかしながら、獣医師会ではこの説に関しては意見が一致していません。ある最近の研究では、SARDに罹患した犬で検出された自己免疫機能を刺激すると考えられるタンパク質は、実際には網膜細胞の破壊の結果生じたものであり、この疾患の原因ではないと報告されています。自己免疫疾患説を指示する研究者は、突然の視覚(脳に伝達される光刺激)の低下がホルモン活性に影響を与えると説いていますが、それだけではSARDに伴って起こる身体異常を説明するのには不十分です。頭部外傷、視神経炎、両眼摘出術など、他の原因による突然の失明においては、SARDで一般的に認められる副腎疾患の兆候は認められません。これらのことより、SARDではより難解な問題(副腎の異常)が存在していることを示しています。

■副腎の疲弊説

著者は、SARDが副腎疾患であると考えています。

過去30年以上にわたりなされたSARDの研究(興奮毒性、アポトーシス、性ホルモンの上昇など)のほとんどは副腎の疲弊説によって説明できます。SARDが比較的新しい疾患であり、多くの犬種で発生し、通常副腎の疲弊を伴うことを考えると、SARDは現代の生活の中で受ける慢性的な刺激が引き金になっていると著者は提唱します。慢性的な刺激とは、低品質のドッグフードの摂取や過剰なワクチン接種、慢性的な農薬への暴露などを指しています。

副腎の慢性的なストレスや刺激に対する反応には、いくつかの段階があります。まず副腎は刺激を緩和するため、コルチゾールの分泌をやや増やして過活動状態になります。このため、腺組織はやがて疲弊し、コルチゾールの産生は減退します。これを消耗段階と呼びます。そしてホルモンの前駆物質(コルチゾールの構成成分)がダムの水のように蓄積します。この前駆物質は副腎ホルモンの経路に近接するルート(性ホルモンの分泌経路)に入ります。その結果、副腎産生性エストロゲンなどの副腎で産生される性ホルモンが上昇します(これは卵巣で産生されるエストロゲンとは

関係なく，雄と雌の両方，避妊去勢の有無に関わらず産生されます）。慢性的な精神的ストレスも副腎の疲弊の原因となり得るでしょう。

　副腎の疲弊（性ホルモンの上昇）は90〜98％のSARD罹患犬に起こっているということが2つの研究により示されています。エストロゲン濃度の上昇は興奮毒性を促進し，けいれんを引き起こしやすくするといわれており，これが突発性の視覚喪失につながると説明できます。また，エストロゲン濃度の上昇は神経および網膜のカルシウムの流入を増加させ，流入した過剰なカルシウムがミトコンドリアなどの細胞内微小器官に障害を与えます。体は細胞が障害を受けていると認識し，アポトーシスにより破壊してしまいます。これが細胞の自己破壊機構です。

副腎の疲弊，エストロゲン，検査結果について

エストロゲンとコルチゾールは分子構造上類似しており，臨床兆候や症状も多くが類似しています。エストロゲン濃度の上昇はクッシング症候群によく似た症状を呈するため，SARDを発症した犬は検査において陰性でも，クッシング症候群のように見えるのです。副腎が疲弊するとコルチゾールの分泌は1日ごとに低下していますが，腺組織は副腎皮質刺激ホルモン（ACTH）の投与などによる大規模なストレス刺激試験では増加することができるため，ACTH刺激試験は「正常」となります。この結果を，副腎が正常に機能しているととらえてしまうかもしれませんが，全くの間違いです。性ホルモンの上昇は自己免疫機能にも大きな影響を与え，免疫学的検査が自己免疫疾患を示唆する結果となることもあります。

■兆候／症状

　獣医眼科医による検査では，失明してから約3〜4カ月後くらいまでは，網膜は肉眼的には正常に見えます。網膜はすぐには破壊されません。SARDによる行動学的な症状として，ジャンプを躊躇したり，投げたおやつをキャッチできなくなったり，ものにぶつかるなどが認められます。訓練中に無気力になったり，混乱したり，時に攻撃性などが見られることがあり，ご家族はイライラするかもしれません。高エストロゲン血症は，学習や認知能力を低下させると報告されており，SARDに罹患した犬はその他の原因で失明した犬と比較して訓練がしにくくなることがあります。

■予後

　治療しなければ，3〜4カ月の間に網膜細胞は減少して薄くなり，タペタムが緑色に光って見えるようになります。この時期には視力が回復できる見込みはなくなってしまいます。中には副腎の性ホルモンの数値が，最低限の活動をできる値にまで低下する犬もいます。しかし，最低限の活動ができていても，犬がいつまでも元気でいられるということではありません。副腎の疲弊によって健康状態が徐々に，また時には急激に低下する犬もいます。

　エストロゲンの上昇によって疲労，混迷，抑うつ，失禁，興奮，けいれん，発作，皮膚の暗色化が引き起こされます。また，甲状腺ホルモンとも密接な関係を持ち，肝酵素や膵酵素（血清アミラーゼ，アルカリフォスファターゼ），コレステロールやトリグリセライドを上昇させることもあります。エストロゲンの上昇は，また腎臓や骨髄の変性，血清IgGの抑制（貧血，腫瘍，感染，胃腸障害），アレルギーを引き起こします。プロゲステロンやアンドロゲンなどの前駆ホルモンの上昇は，グルコース耐性を障害し（高血糖），肥満や深部体温の上昇（熱不耐性およびパンティング），

食欲や攻撃性の増進，被毛の増加，座瘡（微小な肌色の隆起），脱毛斑などの原因にもなります。コルチゾールが枯渇すると食欲不振，嘔吐，腹部痛，下痢および便失禁，筋肉の脆弱化，多臓器不全，ついには死に至ることもあります。

■治療
・免疫グロブリン療法──SARDを自己免疫疾患として扱う場合

　ヒト免疫グロブリン製剤(IVIg)を投与して視覚機能を回復させることができた獣医師もいます。IVIg療法は，網膜に対する体の攻撃を免疫グロブリンにより阻止するという考えに基づいており，迅速な治療を必要とするため，チャンスは少なく，コストも膨大です。すべての犬がIVIg療法に適応できるというわけではなく，治療もリスクを伴い，成功率は原因によりさまざまです。IVIg療法は進行した副腎の疲弊を防止することはできません。

・包括的療法──根底にある副腎疾患の治療と網膜の保護

　包括的なSARDの治療によっておよそ20％の犬が視覚機能を取り戻しています。また，ほぼすべての犬において，根底にある副腎機能不全の回復と免疫グロブリン濃度の改善が見られています。

　結果として視覚が回復しなくても，健康上の問題が出ることはほとんどなくなります。治療には2つの方法があります。1つ目は副腎に対する治療で，2つ目は網膜細胞へのケアとカルシウム流入のコントロールです（興味深いことに，免疫グロブリンは細胞内カルシウム濃度をコントロールするという報告もあります。これが犬によってはIVIg療法により視覚を回復することができるもう1つの根拠です）。通常ご家族は，この治療をかかりつけの獣医師と共にはじめます。

・SARD罹患犬の包括的治療

　SARDの発症が最近（4週間以内）であれば，プロトコールのすべての内容を同時に実施すべきです。この治療ではSARDを発症した最初の2，3カ月が重要で，副腎機能を正常に回復させるのと同時に網膜細胞を保護します。これにより網膜細胞が破壊されるのをある程度守ることができるかもしれません。

解説

1. 副腎機能の補正
　──SARD罹患犬の根本的原因
　どのように？
　　A）副腎に過剰な負担をかける要因を除去する。
　　B）副腎由来のエストロゲン濃度の検査と，ホルモン補充療法の開始。

　なぜ？
　　慢性的刺激（添加物の入った加工フード，過剰なワクチン接種，慢性的な農薬への暴露）は副腎に大きな負担となる。これによりエストロゲン濃度が上昇し，カルシウムチャネル（細胞への微小な出入口）が開く。カルシウムチャネルが開くと，大量のカルシウムが細胞内に移動し障害を与える。ホルモン濃度を補正すればカルシウムの流入を正常化し，細胞障害を防ぐことがおそらく可能と考えられる。さらにホルモン濃度を補正することで，抑うつ，混迷や失禁を和らげ，犬はクオリティ・オブ・ライフを保つことが可能である。

2. 腎障害に対する処置
　どのように？
　　A）ホルモン濃度が正常化するまでカルシウムチャネルを閉鎖する。

B) すでに内在しているカルシウムから細胞の内部構造を保護する。

なぜ？
　過剰なカルシウムは細胞内の微少構造を破壊する。体はアポトーシス（細胞の自滅の指令）により障害を受けた細胞を取り除く。抗酸化物質は細胞内部構造の保護に役立つ。SARDを発症した最初の2，3カ月で，障害を受けていない場合は，細胞の破壊から保護することも可能かもしれない。網膜発作が消失すると，視覚が回復することもある。

副腎機能の補正

1. ライフスタイルにおける刺激物の除去

　A) 手づくり食への完全な切り替え

　あらゆる種類の市販のペットフード，缶詰フード，乾燥フード，おやつ，牛皮などを与えるのをやめます。これにはホリスティック，「無添加」，あるいは療法食なども含まれます。生肉もしばらくは控えます。そして，穀物を含まない手づくり食に切り替えます。牛ひき肉，鶏肉，七面鳥，内臓などのひき肉，卵，缶詰の魚，少量のプレーンヨーグルトやカッテージチーズなどのさまざまな種類のタンパク質を50％とし，またニンジン，緑豆，ブロッコリー，リンゴ，セロリ，ホウレンソウ，ベイクドポテトやヤマノイモなどの果物または野菜を50％の割合でつくります（手づくり食と市販のペットフードの欠点については著者によるガイドブック『Dogs, Diet, and Disease（犬，食事，そして犬の疾患について）』をお読みください）。食事には骨や歯を健康に保つため，カルシウム源を加えます。穀物は与えないでください！小麦や米，トウモロコシ，大麦，オートミール，そして豆腐は除きましょう。

　1週間もしくはそれ以上かけて，ゆっくりと犬を新しい食事に慣れさせます。毎食ごとに以前の食事から新しい食事へ少しずつ切り替えます。おやつは，ペット用品店で販売されているストリング・チーズ（個別に包装されているもの）やキャニスター入りの乾燥レバー，または総菜コーナーで販売している七面鳥のスライスなどもよいでしょう。

　B) 農薬への暴露を最小限に

　ノミおよびダニの治療薬の多くは興奮毒です。害虫を，脳および神経細胞を過剰に刺激することで殺滅します。可能であればSARD罹患犬では使用を避ける方がよいでしょう。幸いなことに手づくり食を与えられている犬はノミやダニには好まれません。刺激物のないフードは副腎に対する負担が少なく，性ホルモンの血中濃度も下げる働きがあります。害虫は健康なものより弱った個体で繁殖します。

　ノミの予防：2，3日に1回は掃除機をかけましょう。犬のベッドを洗い，シャンプーも頻繁に行いましょう。ノミ取り櫛を使い，ボウルいっぱいの石けん水を用意して，見つけたノミは浸けて溺れさせます。ハーブ製の虫除けや天然由来シャンプーは最近ますます増えてきており，これらも有効です。芝生は短く刈り，落ち葉は掃いておきましょう。芝生やカーペットの掃除には捕食線虫類（昆虫を貪食するもの）や珪藻土（天然の殺虫剤として用いられる）も有効であり，これらはガーデニングセンターで入手できます。ノミの駆除に製剤を使わなければならない時は，散布の間隔を延ばしましょう。たとえば，製剤を1カ月ごとにではなく，1年に数回というようにしましょう。

　フィラリアの予防：危険地域に住んでいないのであれば，駆虫薬の他にもフィラリアを予防できる方法があります。

　フィラリアの感染状況は蚊のライフサイクルにより異なり，研究では1日の平均気温が18℃を

超える日がおよそ1カ月続くと蚊のライフサイクルが促進されるといわれています。一方，27℃を超える気温が少なくとも2週間続くことが促進には必要だという説もあります。14℃を下回るとライフサイクルは抑制されます。これらのガイドラインに従えば，すべての地域で1年中予防する必要はないかもしれません。気温が18℃に達した翌月から予防薬を開始し，14℃に低下した翌月まで続けるというご家族もいます。予防薬を一切使わずに年2回検査を行うだけのご家族もいますが，この場合は必ず定期的に検査を行わなくてはなりません。

C) ワクチン

犬の寿命を考え，毎年のワクチン接種を実施しない獣医師も増えています。成犬であれば免疫機構がすでに発達しているため，法律で義務づけられていないワクチン接種は避けた方がベストでしょう。

ワクチンを毎回接種するたびに副腎への刺激は増えます。現在最も推奨されるワクチンプログラムは内容により異なりますが，多くの獣医師が生後1年目以降は3年ごとに追加接種を行う方法を推奨しています。

パルボウイルスワクチンを接種したらジステンパーの接種は翌年に，というような変則的な追加接種ができるかどうか，獣医師に聞いてみましょう。もし法律で義務づけられたワクチンであれば免除書を書いてもらうこともできるかもしれません。法的機関へ免除書を提出すれば，あなたの犬がもう予防接種に耐えられないことの証明となり，予防接種を受ける義務はなくなります**（訳者注：著者は，あなたが獣医師と相談できる選択肢の1つとしてあげています）**。

必要のないワクチン接種を最小限に減らすために，獣医師に「抗体価の測定」をしてもらってもよいでしょう。これは少量の血液を採取し，目的のウイルス抗原への反応性を検査するものです。ワクチン抗体価を測定すれば犬の免疫状態のすべてが分かるわけではないのですが，現在の免疫力をある程度把握するには最適です。抗体価が良好あるいは極めて良好であれば，その疾患に対するワクチンの再接種は必要ないといえるでしょう。

2. 副腎疲弊の検出と治療

副腎の評価には特殊な検査を用います。これは通常の血液検査やクッシング症候群の検査とは全く異なるもので，副腎由来のエストロゲンを測定し，コルチゾールの産生異常を検出する必要があります。低用量のグルココルチコイド補充療法が過剰な性ホルモンの産生を減らすことがヒトと犬で報告されています。

コルチゾールが経口で補充されたことを視床下部が感知すると，副腎への刺激を減少させます。その結果，副腎由来の性ホルモンの過剰な産生を減らします。低用量のホルモン補充療法は健康な犬が通常産生する量を補充しているだけですので，空腹や肥満，不眠などの症状は治療による副作用ではありません。補充療法で使用する量は抗炎症量よりもはるかに低いのです。

副腎疲弊の診断は2通りあり，どちらかの方法で診断が可能です。その1つは副腎由来の性ホルモンパネル/ACTH値です。この検査はテネシー大学獣医学部で測定できます。この検査は，副腎疲弊（非定型クッシング症候群ともいわれる）の検出が有用なことがあり，この場合ホルモン前駆物質の値が上昇します。しかし，SARDの犬では，副腎疾患の明らかな症状を示すにも関わらず，ホルモンパネルは正常であることが多くあります。さらにこの検査機関が推奨する治療計画は，副腎機能をさらに阻害することであり，治すものではありません。根底にある副腎疲弊の治療法については示していないのです。

コルチゾールの産生異常は，ヒトや犬において

長い間，性ホルモンの上昇が根本的な原因と報告されてきました。副腎由来の性ホルモンパネル／ACTH 値の検査には動物病院で数時間を要します。

より侵襲性が低く，かつ有用なもう 1 つの副腎疲弊の検査としては免疫・内分泌パネル（E & I 試験）があり，アメリカでは国立獣医診断センター（http://www.national-vet.com）で検査できます。ここでは血清コルチゾールと甲状腺ホルモン（T3，T4），免疫グロブリン，エストラジオールのみでない総エストロゲン値の測定が可能です。感度は極めて高く，1 回の採血で測定できます。臨床症状とも密接な相関があり，正常値をわずかに上回る場合でも意義は大きいとされています。エストロゲン値が高く，甲状腺ホルモン値と免疫グロブリン値が低い場合は，一般的な獣医師は低用量のコルチゾール補充療法をはじめるでしょう。これによって罹患犬のクオリティ・オブ・ライフは劇的に向上します。検査のための採血後すぐ治療をはじめる獣医師もいます。

まず 2 種の注射投与を行います。通常は 1 回の投与ですが，重度の IgA 欠乏（IgA＜70mmHg）では，経口薬では吸収できない可能性があるため，定期的に注射による投与を続ける必要があるかもしれません。

デキサメサゾンリン酸塩 0.8〜1.0mg/20lbs（9kg）と**トリアムシノロンアセトニド** 0.062〜0.125mg/20lbs（9kg）の筋肉内投与の組み合わせ：1 週目はこれらで徹底的な治療を行います。

その後は筋肉内投与の 3 日後に家で 3 種の経口薬を開始・継続します。

メドロール：10lbs（4.5kg）につき 1mg あるいはそれ以下を毎朝投薬します（18kg まで）。40lbs（18kg）を超える犬では 1 日に 4mg とします。これで効果が現れる場合がほとんどですが，まれに 5〜6mg を必要とする犬もいます。

レボチロキシン：上昇したエストロゲンが甲状腺に結合し，細胞が甲状腺ホルモンを利用できなくなってしまうため，10lbs（4.5kg）につき 0.1mg を 1 日 2 回処方されます。

サルファサラジン：IgA＜70 の場合，食事を与える 30 分前に 1lbs（0.45kg）につき 10mg を経口ホルモン薬と共に 1 日 2 回投薬します。サルファサラジンは合成 IgA 分子として作用し，消化器における経口薬の吸収を促進します。

通常，これらのホルモン補充療法は生涯必要となります。エストロゲン，T3，T4，免疫グロブリン値は次第に正常化しますが，コルチゾール値が低値のままであったり，低下することもまれではありません。

コルチゾール値を 1 度の検査で評価するのは困難です。およそ 25％の SARD 症例では，治療前のコルチゾール値は正常値または高値です。これには 2 つの原因があります。副腎が十分なコルチゾールを産生できない場合，体は組織内で貯蔵コルチゾンを活性化コルチゾールに変換します。あいにくこの過程では，コルチゾール分子の鏡像体である分子を産生してしまいます。この分子は弱く（生物学的に不活性），本来のコルチゾールの働きができません。一方でこの分子は，ほとんどの検査機関においてコルチゾールの 1 つとして一緒に測定されてしまいます。さらに副腎のコルチゾールの産生が不足していると，血中にその前駆物質が蓄積してしまいます。コルチゾールの前駆物質はデオキシコルチゾールと呼ばれ，これらの分子は互いに極めて類似しているため，ほとんどの検査機関は識別できずにコルチゾールとして検出してしまいます。

よって，コルチゾールの正常値または高値という結果は，実際はデオキシコルチゾール（前駆物質）またはエピコルチゾール（コルチゾールの鏡像体）を合わせたものになってしまうのです。

獣医師は臨床兆候および症状と，エストロゲン値を合わせて評価してモニタリングします。通常，治療を開始して2，3カ月後で再検査を行い，その後は1年ごとに検査を行います。ホルモン定量法は経口補充したステロイドは識別できないため，治療後の検査がより正確な真の副腎由来のコルチゾール産生を反映します。

網膜異常の検出

網膜細胞の細胞膜はイオン依存性チャネル（カルシウムイオンの細胞への流入を調節する出入口）を持っています。エストロゲンが上昇するとカルシウムの過負荷または過分極を引き起こしますが，これは「脚がつる」，もしくはけいれんの症状となって現れます。

網膜電図において波形が見られないのは，網膜細胞が一気に障害を受けたということではなく，単にカルシウムの過分極により脳との情報の伝達のやりとりができなくなっているためです。さらに細胞はすぐに死に至るわけではないため，ホルモン値を正常化する間に，カルシウムチャネルの活動が回復できれば，より効果的です。この二重の治療法で網膜細胞を障害からある程度保護することができるかもしれません。視覚はすぐには戻らず，数カ月かかることがあります。以下の治療を視覚喪失から4週間以内に行えば，回復の可能性は最も高くなります。

3. カルシウムの細胞内流入の阻止
（栄養素の添加により網膜細胞への出入口を閉鎖）
A) タウリンおよびマグネシウム源の添加
タウリンはアミノ酸の1種で，マグネシウムは電解質の1種ですが，両方とも細胞膜を安定化し，神経細胞の興奮を抑制します。タウリンは犬にとっては安全な物質であり，1日当たり1,500mgまで与えても問題ありません。マグネシウムは体重0.45kg（1lb）当たり5mgの用量で添加できます。これらを混合したサプリメントをマグネシウムタウリン塩またはマグネシウムタウリン酸塩といい，以下のサイトで購入することができます。
www.iherb.com./Jarrow-Formulas-Magnesium-Optimizer-Citrate-100-Easy-Solv-Tablets/261?at=0

B) アデノシン源の添加
この物質はマグネシウムやタウリンと共にカルシウムチャネルを閉鎖するのに作用します。イワシや牛の肝臓を食事に加えることで補給することができます。最も多くアデノシンを含有するのはオイル漬けのイワシです（オイル漬けの魚は水煮よりも栄養分を多く含んでいます）。

余分な油分を与えたくない場合は与える前に油を切ってください。また，その代わりに水煮のイワシでも十分でしょう。アデノシン源として次にお勧めなのは牛の肝臓です。できればアデノシン源を毎日与えましょう。

4. 網膜細胞のさらなる障害からの保護
抗酸化物質は多くの動物種や体組織において障害を受けた細胞の保護と修復に役立つといわれています。

ベテリ・サイエンス・セル・アドバンスは網膜細胞をアポトーシスから守るための成分であるメチオニン，L-システイン，L-グルタチオン，L-リジン，ベータカロテン，ビタミンC，ビタミンEなどを含む製品です（http://www.vetriscience.com/cell-advance.php.）。

ルテインも抗酸化物質で網膜細胞をカルシウムによる障害から守ります。ある報告では中型犬

（ビーグルなど）での用量は1日当たり5～20mgであるとされています。

5. 細胞膜の安定化

ここ何年もの間，著者は，SARDの罹患犬が失明する時には，産生するコルチゾール値が過剰であると考えていました。そのため，初期にはオメガ3脂肪酸に類似した脂肪酸であるホスファチジルセリン（PS）を補充することを推奨していました。これは副腎を刺激する部位のスイッチを「オフにする」といわれています。一方でSARDの罹患犬はコルチゾールを過剰に産生するわけではないことが明らかになりましたが，それでもPSは2つの点において有効といわれています。PSは脳および網膜の細胞膜の構成物質であり，細胞膜において栄養素を中へ透過させ，老廃物（おそらく過剰なカルシウム）を排出させています。多くのご家族がPSは混迷の症状をも緩和させると考えています。PSは朝に投与することが推奨され，小型犬（10～25lbs：4.5～11kg）には1日当たり50～100mg，中型犬（40～50lbs：18～23kg）には200～300mg与えてください。犬の場合，PSは2,100mgまでは投与しても副作用がないことが試験にて証明されています。ただし，イチョウなど他の成分が配合されたPS剤は与えないでください。www.iherb.comは評判のよい販売元の1つです。

なお，著者はここに触れられているいかなる製品，サービスとも関わりを持っていません。

監訳者注：SARDの病態や治療に関しては，ここに述べられた以外にも多くの説があります。

網膜形成不全と網膜剥離

■概要

網膜形成不全と網膜ヒダはどちらも網膜の奇形を表す用語で，病態としては網膜層におけるヒダやしわが特徴的です。網膜が下層としっかり接着していない場合には，強膜から引き剥がされて網膜剥離を起こし，失明に至ります。

■原因

網膜形成不全は先天的な網膜の奇形です。子宮内の感染が原因で発症することもありますが，多くが遺伝性と考えられています。網膜剥離の他の原因としては，感染，高血圧，進行した緑内障，ぶどう膜炎および鈍性外傷があります。

■兆候／症状

獣医眼科医は，網膜ヒダのほとんどを犬の出生時から識別することができます。年齢が進むにつれて色素沈着が進行すると，ヒダが見つけにくくなることもあります。このような奇形により，網膜の下層の組織である脈絡膜から網膜が剥がれてしまうことがあります。脈絡膜はその多くが血管から構成されており，網膜剥離が起こると血管も破綻して眼の中が血液でいっぱいになります。さらに，網膜剥離が起こると網膜細胞から神経細胞への伝達が遮断され，視覚情報が脳へと伝わらなくなってしまいます。これらは共に視覚喪失を引き起こします。

網膜形成不全は秋田犬，アメリカン・コッカー・スパニエル，オーストリアン・シェパード，ビーグル，ベドリントン・テリア，チャウ・チャウ，コリー，ドーベルマン・ピンシャー，イングリッシュ・スプリンガー・スパニエル，ゴールデン・レトリーバー，ロットワイラー，シーリハム・テリア，ヨークシャー・テリアで一般的に見られます。網膜形成不全に随伴してコロボーマ（網膜や脈絡膜に形成されるくぼみや穴）などの眼異常が見られる犬種もあります。特にラブラドール・レトリーバーやサモエドでは白内障や骨格の変形（矮小症）が網膜形成不全に関連して起こることがあります。

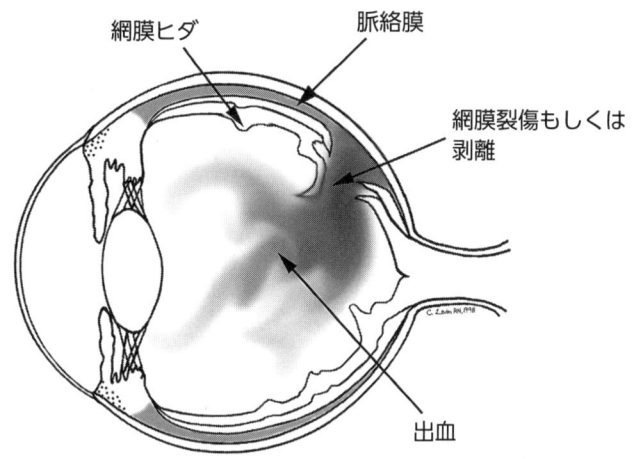

■予後

網膜形成不全は一般的に非進行性ですが、他の原因による網膜剥離では、炎症や緑内障など、原因となる疾患を検出して障害を最小限にしなくてはなりません。

■治療

抗生剤、経口利尿薬、ステロイド剤が薬物療法として炎症を抑制するのに用いられます。また、レーザー手術や網膜固定術によって、網膜を眼球の内壁に「打ちつけ」たり、焼きつけたりすることも可能で、これは網膜がさらに剥離するのを予防する目的で用いられます。剥離が大規模で長期にわたる場合は、視覚が必ずしも回復するわけではありません。現在、網膜の外科手術ができる獣医眼科医はほんの一握りです。

他の遺伝性眼疾患を持つ犬と同様に、網膜形成異常を持つ犬は種畜として繁殖に用いないことをお勧めします。形成異常を起こしやすい犬種は、生後6〜8.5週の間に獣医眼科医のもとで検査を受けた方がよいでしょう。これより後の検査では正確に診断することができない場合があります。

緑内障

■概要

緑内障は眼の中の水が貯留して、眼圧が異常に上昇する病気です。隅角（虹彩角膜角または排泄帯）が効率よく水を排泄できないことによって起こります。

■原因

原因として最も一般的なのは解剖学的な欠陥です。この場合、肉芽組織の薄膜が虹彩角膜角を塞いでしまいます。加齢と共に肉芽組織は厚みを増し、それに伴って排水角は狭くなり、眼房水は排泄されにくくなります。これを原発緑内障と呼び、通常両眼が罹患します。

解剖学的な異常は出生時から認められ、遺伝性と考えられています。アメリカン・コッカー・スパニエル、バセット・ハウンド、ブービエ・デ・フランダース、チワワ、ダックスフンド、イングリッシュ・コッカー・スパニエル、ノルウェジアン・エルクハウンド、シベリアン・ハスキー、ウェルシュ・テリア、ワイヤーヘアード・フォックス・テリアに多く見られます。ビーグルは病態がやや異なる傾向があります。

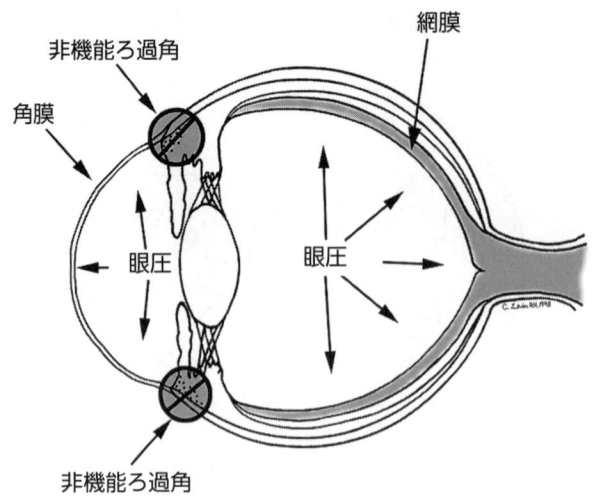

緑内障は他の疾患に続発することがあります。隅角はさまざまな原因で閉塞します。たとえば，虹彩から剥がれた色素のかけらが原因となることがあります。また，白内障が長期にわたると，水晶体から漏れ出したタンパク質が炎症を引き起こしたり，腫瘍や脱臼した水晶体も隅角を塞ぐ原因となります。脱臼は外傷や遺伝的な要因で起こり，後者では水晶体を正常な位置に保持する線維が弱くなったり，断裂したりしてしまいます（水晶体脱臼）。全身的な異常によっても重度の炎症（ぶどう膜炎）が引き起こされ，緑内障に至ることがあります。

> 興味深いことに，ぶどう膜炎ははじめのうちは眼圧（IOP）を上昇させる原因となりますが，炎症が長期化するとついには毛様体や眼房水の産生に障害を与え，眼圧は異常に低下します。

研究者は視覚喪失にはいくつもの要因が関係していると考えています。眼圧の上昇は網膜への血液の供給を妨げ，細胞は酸素や成長因子と呼ばれる天然化学物質を失ってしまいます。グルタミン値（神経や網膜細胞の伝達物質）が上昇し，この値が高くなると，過剰なカルシウムが網膜細胞内に入り込み，細胞死を引き起こします。また，一酸化窒素と呼ばれる副産物が蓄積し，酸化ストレス（分子ダメージ）によって細胞が障害を受けます。網膜細胞はついには死に至り，失明してしまいます。

■兆候／症状

緑内障の初期にはさまざまな症状が見られますが，充血，混濁，突出，瞳孔散大，視覚の喪失などのいくつかは他の眼疾患と類似しています。犬は痛みのため，眼を細めたりこすったりします。痛みによって攻撃性が増したり，隠れがちになったり，嗜眠状態になることもあるようです。非常に強い痛みによって震えやパンティング，ペーシング，嘔吐が起こることがあります。平然としていたり，ほとんど症状を見せなかったりすることもあります。

慢性緑内障では眼球が拡大・突出してきます。角膜は青灰色に変化することがあります。眼球が拡大するにつれて，眼の中の構造はさらに障害を

第3章　失明を引き起こす病気

受けてしまいます。

■予後

　急性緑内障は緊急的な状態であり，すばやく正確な処置を受ければ，視覚は通常ある程度の期間は維持できる可能性があります。この病気の治療がされなければ，永久的に失明してしまいます。最大限の処置を受けたとしても，通常は両眼共に数年以内に視覚を失ってしまいます。原因にもよりますが，緑内障は片方の眼だけが罹患する場合（外傷によるものなど）と，それ以上に多い，両目が罹患する場合とがあります。

■治療

　緑内障の治療は，まずはじめに点眼薬で眼圧を下げ，さらなる障害を防ぎ，視覚が残っているかどうかの判断をします。眼房水の産生を減らすための点眼薬が多く処方されていますが，ヒトでの緑内障とは異なり，点眼薬は犬の原発緑内障の長期的な治療においては通常効果が少ないとされています。点眼薬では形態上の問題は治療できません。

> 緑内障を発症した犬には投与しない方がよい薬がいくつかあります。アトロピンは麻酔前投与薬ですが，眼圧を上昇させる可能性があります。メタゾラミドは緑内障において時々処方される薬ですが，他の治療薬の排出速度を変えてしまいます。その結果，フェノバルビタールを飲んでいるてんかん持ちの犬では，メタゾラミドによってけいれん発作が起こりやすくなる可能性があります。

　獣医眼科医からは，いずれかの外科手術が提案されるでしょう。眼房水の産生を減少させる方法として，凍結療法やレーザー療法，抗生剤の眼内注射を提案されるかもしれません。これらの方法はすべて毛様体（眼房水の産生部位）を傷つけ，破壊するものです。抗生剤の注射はすでに視覚を喪失している場合に勧められます。

　眼房水の排泄を増加させる手術も提案されるでしょう。これには小さな合成樹脂でできた排水バルブの設置，強膜フラップの形成，または脱臼水晶体などの障害物の摘出などがあります。

　もし視覚喪失が永久的で，眼圧が上昇して痛みを生じるのであれば，いくつか他の選択肢もあります。

　眼球内容物の摘出は眼球の内部構造（毛様体を含む）を除去し，球状のシリコンを移植する方法です。球状のシリコンは硬いゴムのようなボールで，虹彩の後部に移植します（通常は虹彩も除去しますので，強膜内に移植することになります）。この方法は眼を審美的に維持するための方法で，失明したままではありますが，外観上はまったく正常に見え，2度と痛みは起こりません。

　もし緑内障が長い間治療されていないとしたら，眼球内容物摘出術は実際の選択肢にはならないでしょう。その眼は角膜障害や重度の炎症を起こし，眼球摘出術（眼球を取り除き，眼瞼を縫い合わせる手術）が適応されるかもしれません。

　眼球摘出術については，不安で動揺してしまうご家族も多くおり，これは正常な反応です。眼球摘出術のメリットは，犬が持続する痛みから解放されることです。ご自身が慢性的な痛みで苦しんでいたあるご家族は，「痛みの除去がすべてであり，私たちには犬を快適に過ごさせる義務がある」と説明していました。

　眼球摘出術の後は腫れと，鼻から少量の分泌物

失明したビーグルの"ピーナッツ"。リー・スレイトンさん提供。

の排出が見られます。筋肉は以前と同様に機能し続けるため，手術を受けた犬は多くの表情を取り戻すでしょう。それはまるで，子供の頃のお気に入りの擦り切れたぬいぐるみのように，そしてまるで私たちにウインクしているかのように愛らしく見えます。

他の遺伝性眼疾患のように，原発緑内障に罹患した犬は繁殖に用いないことをお勧めします。

白内障

■概要

白内障は眼を覆う薄い膜だと間違って表現されることがありますが，これは正しくはありません。白内障に罹患した犬は，水晶体内部のタンパク質が変化しています。正常であれば透明な水晶体が徐々に透明性を失い，この濁りによって網膜に光が届きにくくなります。このように水晶体が白く濁った状態が白内障です。

■原因

犬の白内障の最も一般的な原因は，ヒトの場合とは異なります。ヒトの白内障の多くは正常な老化現象によるものですが，犬の白内障はこれと比べて若い年齢（4カ月～3歳齢の間）で多く発生します。

これは通常，遺伝的要因によるもので，アフガン・ハウンド，アメリカンおよびイングリッシュ・コッカー・スパニエル，オーストラリアン・テリア，ボストン・テリア，チェサピーク・ベイ・レトリーバー，ジャーマン・シェパード・ドッグ，ゴールデン・レトリーバー，ラブラドール・レトリーバー，ミニチュアおよびスタンダード・プードル，ミニチュア・シュナウザー，オールド・イングリッシュ・シープドッグ，ロットワイラー，スタッフォードシャー・ブル・テリア，ウェルシュ・スプリンガー・スパニエル，ウェス

白内障

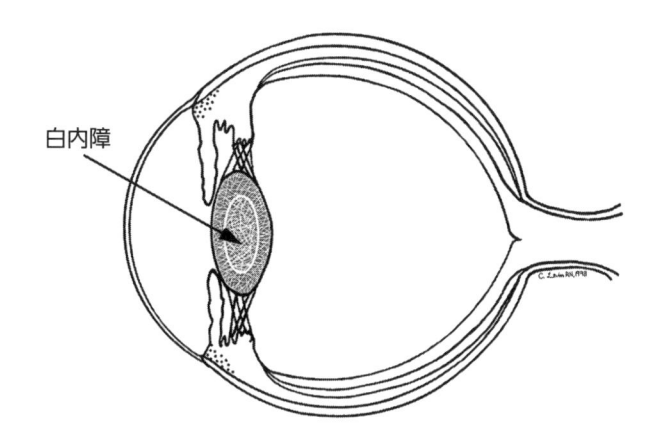

ト・ハイランド・ホワイト・テリアにおいて多く見られます。

　白内障の原因には他にもいくつかあります。糖尿病は循環血液中のグルコース（糖）が上昇する病気ですが，研究者によれば糖が水晶体に蓄積して，水晶体線維に回復不可能な障害を引き起こすといわれています。糖尿病に罹患した犬では，診断されてから12～18カ月以内で白内障が起こります。しかしながら，血糖が良好にコントロールされれば，白内障などの併発疾患を防げる可能性は高くなります。

　クッシング症候群も白内障の発症の原因となることがあります。白内障を引き起こす要因はまだ分かっていませんが，循環血液中のステロイドや糖，または両方が上昇することではないかと考えられています。

　眼への外傷，創傷によっても白内障が起こることがあります。この水晶体には割れ目が入ったように見えます。
　先天性の白内障もあります。また，必要なアミノ酸が欠乏した代用ミルクで育てられた子犬においても発症する可能性があります。

　最後に，若い犬で見られる遺伝的な白内障とは異なり，加齢と関係した水晶体の変化があります。これは核硬化症といって，通常は視覚には大きな影響は見られません。

■兆候／症状

　はじめは，特定の方向から光が当たった場合に眼が白く光って見えることで気がつきますが，そのうち白い濁りは常に見られるようになります。体は光を網膜に届けようとするため，虹彩は徐々に散大します。この段階になると，犬は光のまぶしさでものが見づらくなっているかもしれません。

　最終的に水晶体は全体が混濁し，完全な失明に至ってしまいます。ジャンプを躊躇したり，距離を見誤ったり，ものにぶつかるようになります。

■予後

　遺伝性の白内障は通常6カ月～数年かけてゆっくりと進行します（遺伝性の場合でも急激に進行してぶどう膜炎になることも少なくありません）。しかし，治療をしなければ完全な失明に至ってしまいます。犬には通常苦痛はありません。

　糖尿病やクッシング症候群が原因で起こる白内障の場合は，ほんの数日や数週間で失明してしまう可能性があります。長期にわたる白内障では，

水晶体嚢が裂けてタンパク質のかけらが眼房水中に漏れ出し，これが虹彩角膜角を塞いで緑内障を引き起こしてしまいます。また，このタンパク質によって眼の炎症を起こし，ぶどう膜炎となります。緑内障とぶどう膜炎は犬にとって大変な苦痛となります。

獣医眼科医のもとで網膜電図検査を実施することで，より正確に予後を判定することができます。白内障に網膜変性症が併発することがありますので，この検査はとても有用です。

■治療

併発疾患がなければ，白内障の外科的な除去が最も推奨される治療法です。獣医眼科医の多くは，ヒトにおける白内障と同じ方法で手術を行っています。

もし白内障手術が望ましく，経済的にも実施できるのであれば，予後はおおむねよいと考えられます。手術成功率を統計学的に示すことは難しいのですが，結果として多くの犬が視覚を回復しています。

重要なのは，犬によって個体差があり，回復の経過はそれぞれ異なることを認識しておくことが大切です。

手術を行っても緑内障，網膜剥離，ぶどう膜炎などを発症するリスクがあります。

手術は角膜の縁から切開し，多くは超音波乳化吸引器と呼ばれる小さな機器の先端を眼に挿入して行います。超音波で水晶体を砕き，その破片を吸い取ります。その後，通常は合成の人工レンズや眼内レンズを挿入します。術後は継続的な検診を行って順調に回復しているかどうかをチェックします。

外科手術を勧められない例もいくつかあります。1つ目として白内障が長期にわたっているか，過熟白内障である場合です。この場合，水晶体のタンパク質は液状化し，眼の中に漏れ出しています。このような眼では重度の炎症を起こしており，手術はあまり適応されません。代わりに抗炎症点眼薬によって治療されることがあります。

さらに，網膜電図（ERG）において網膜機能の低下が検出された例においても手術は推奨されません。白内障を除去して光を受容できるようになっても，網膜が光の波長を処理できなければ意味がないからです。

遺伝性白内障を持つ犬は繁殖に用いるべきではありません。両親，兄弟も繁殖させない方がよいでしょう。兄弟のうち1頭でも罹患していれば，他にもキャリアの子犬がいることになります。どの犬がキャリアなのか，どの犬が罹患していないかを把握しなければ，こういった子犬の繁殖が病気を増やすことになります。

先天性奇形

小眼球症とは子犬の眼球の発達が生まれつき不完全で，小眼球であることを指します。こういった犬の視覚は発達の程度に応じて弱いか，完全に失明しています。無眼球症とは眼球の発達が全くないものを指します。先天性奇形の主な原因の1つに，コリー眼異常と呼ばれる遺伝性疾患があります。

寄生虫性，細菌性，ウイルス性，その他の感染性疾患

多数の感染性疾患または寄生虫性疾患が失明を引き起こすことがあります。ジステンパーウイルスは網膜の炎症（網膜炎），または網膜剥離の原因となります。このような病態は，ジステンパーウ

イルスに感染した場合だけでなく，調整生ワクチンを接種した結果起こることもあります。ブラストミセス症やエーリッヒア症，レプトスピラ症，トキソプラズマ症も緑内障やぶどう膜炎，網膜剥離の原因となります。

ぶどう膜皮膚症候群（UDS）またはフォークト・小柳・原田症候群（VKH）

これは皮膚や網膜の色素細胞に対する，自己免疫性の攻撃が関与する症候群です。自己免疫性疾患では，あらかじめ外来性アミノ酸（ウイルスや食物由来のタンパク質など）を攻撃するためにプログラムされた抗体が，誤って網膜色素層を攻撃してしまいます。ご家族の訴えによると，UDSは年に1度のワクチンの後に発症するケースが多いようです。また，罹患犬は自己免疫性甲状腺疾患も併発しているという報告も多くあります。

この病気についての眼の症状としては，網膜の炎症，緑内障，網膜剥離，そして失明が挙げられます。疼痛を伴う病態でもあり，最善なのは早期に治療を開始することです。

治療は，自己免疫による攻撃を最小限にするための高用量のステロイドとその他の免疫抑制剤の投薬です。免疫機構は重度に抑制されてしまうため，獣医師は罹患犬に対し，ワクチン接種を受けないよう勧めています。UDSの予後はさまざまで，個体差はあるものの，ステロイド治療の副作用（空腹，喉の渇き，失禁，混迷，嗜眠など）がクオリティ・オブ・ライフを落としてしまうことがあります。

外傷

鈍性の外傷によって眼球が突出（腫脹）したり，完全な変位を起こすことがあります。解剖学的な要素が大きく関わっており，鼻の短い犬種では眼窩がより浅いため，創傷を受けやすく，適切な緊急処置を施されても眼を失ってしまうことがあります。

てんかん発作の一過性の虚血による失明

脳の後頭葉で発生する発作は一過性の両眼の失明に関与することがあり，皮質性の失明と呼ばれています。失明が脳細胞における低酸素症（酸素供給の遮断）によるものか，または発作が何か別の理由で視覚的認識障害を起こすのかは分かっていません。一過性の失明は数時間から数日で回復することもあれば，長期で永久的な失明となってしまうこともあります。

犬の老衰

失明と間違えやすいため，ここで説明を加えておきますが，実際には老衰している場合もあります。部屋の角に向かって突き進み，戻る方向が分からなくなってしまったり，宙を見つめる，絶え間なく吠える，などの症状を呈します。獣医師にこの症状の診断や治療をお願いすることが大切であり，治療にはアニプリルなどの薬や栄養補給サプリメントのホスファチジルセリンが用いられます。これらは，短期記憶や認知機能に有害作用を与えるとされるストレスホルモンであるコルチゾールの産生を減らす役割を持っています。

第 4 章　遺伝子と失明

　遺伝子の研究は複雑かつ，絶えず進歩しています。概要では，ある種の失明がどのようにして両親から子どもに伝わるかをご家族の皆さんに理解していただくように解説しています。

　あなたがブリーダーでなければ，あなたの犬が失明したことについて，ブリーダーに知ってもらう必要があります。よいブリーダーであればその情報を考慮して今後の繁殖を検討するはずです。よいブリーダーは愛情をかけた犬の繁殖によって，病気を増やすことを望みません。

　失明を起こす病気には優性遺伝性疾患として遺伝的に定義されているものもあれば，劣性遺伝性疾患として定義されているものもあります。後者には多くの PRA（すべてではない）や，遺伝性白内障があります。しかし多くの場合，遺伝形式が明確には定義されていません。これらの病気は，複数の遺伝子の組み合わせもしくは，遺伝的要因と環境要因が組み合わさって発生することがあります。

　あなたがブリーダーであり，特定の犬種の遺伝形式に関心がある場合は，獣医眼科医に相談したり，アメリカ大学遺伝子委員会獣医眼科医によって書かれた『Ocular Disorders Presumed to be Inherited in Dogs（遺伝性と推測される犬の眼疾患）』を参考にしてみてください。

遺伝の法則

　遺伝性の失明の多くは，発症に 2 つの遺伝子が関与しています。罹患犬はこれらの遺伝子の 1 つを母親から，もう 1 つを父親から獲得します。表現型は一般に優性遺伝子もしくは劣性遺伝子に特徴づけられます。

　1 つの優性遺伝子と 1 つの劣性遺伝子が対になる場合は，優性遺伝子が勝ります。言い換えれば，優性遺伝子が犬の生物学的な特徴を決定するのです。研究者は，優性遺伝子を大文字で "A" と表します。優性遺伝子が存在しない場合，劣性遺伝子が生物学的な特徴を決定します。

　劣性遺伝子は小文字で "a" と表します。失明は優性遺伝子で発症する場合と，劣性遺伝子で発症する場合があります。

劣性遺伝子による疾患

　前述したように，失明の原因として最も一般的な疾患の 2 つは遺伝的欠陥によるもので，びまん性 PRA と白内障です。これらは劣性遺伝子，つまり "a" 遺伝子を受け継ぐため，劣性遺伝子による異常と定義されています。

　劣性遺伝子による異常において考えられる 3 通りの遺伝子の組み合わせは以下の通りです。

- それぞれの親から正常な優性遺伝子を受け継ぐ場合。この犬は "AA" と表す。2 つの正常な優性遺伝子を持つため，これらの犬は外見上も実際の遺伝子も正常である。欠陥遺伝子は持たないため，子孫にも欠陥遺伝子は伝わらない。

- 1つの正常な優性遺伝子を片親から受け継ぎ（"A"），もう片親から欠陥のある劣性遺伝子"a"を受け継ぐ場合。正常遺伝子は優性遺伝子であるため，犬は正常に見える（外見上には疾患の兆候は示さない）。しかし，遺伝子の1つは欠陥遺伝子であるため，子孫にこの欠陥遺伝子が伝わる可能性がある。こういった犬はキャリアと呼ばれ，"Aa"と表される。キャリアが繁殖に用いられると50％の確率でこの欠陥遺伝子が子犬に受け継がれる。これが遺伝学上，PRAや白内障の発症を増やす大きな要因となる。

- 最後に，両親から共に劣性遺伝子を受け継ぐ場合。これらの犬は"aa"と表される。疾患は劣性遺伝子によって引き起こされ，このような犬は2つ共に欠陥遺伝子を持つため，疾患に罹患する。繁殖に用いるとすべての子犬に1つの欠陥遺伝子が受け継がれる。

以下はさまざまな犬を交配させた場合に考えられる表現型です。

- 正常遺伝子を持つ犬同士の交配（"AA"×"AA"）：
  すべての子犬は正常（"AA"）

- 正常犬とキャリア犬の交配（"AA"×"Aa"）：
  子犬の50％は正常（"AA"）
  残りの50％はキャリア（"Aa"）

- 正常犬と罹患犬の交配（"AA"×"aa"）：
  すべての子犬がキャリア（"Aa"）

- キャリア犬同士の交配（"Aa"×"Aa"）：
  25％の子犬が正常（"AA"）
  50％の子犬はキャリア（"Aa"）
  25％の子犬は罹患犬（"aa"）

- キャリアと罹患犬の交配（"Aa"×"aa"）：
  50％の子犬はキャリア（"Aa"）
  50％の子犬は罹患犬（"aa"）

- 罹患犬同士の交配（"aa"×"aa"）：
  すべての子犬は罹患犬（"aa"）

罹患犬（"aa"）と正常犬（"AA"）の交配から生まれる子犬はすべてキャリアとなります。しかし，残念ながらほとんどの場合，正常犬とキャリア犬は両方とも異常を示さないため，鑑別は不可能です。罹患犬を1頭でも繁殖に用いると，これらの失明を起こす疾患は増えてしまいます。また，罹患犬の兄弟も繁殖に用いない方がよいでしょう。というのも，半数がキャリアとなることが分かっているからです。両親を繰り返し繁殖に用いることも避けた方がよいでしょう。これは，罹患犬やキャリア犬が生まれてしまう確率が高まるからです。

優性遺伝子による疾患

　コリー眼異常やマールコート被毛などの疾患の原因となるのは優性遺伝子です。ビーグルやチェサピーク・ベイ・レトリーバー，ジャーマン・シェパード・ドッグ，ラブラドール・レトリーバーなどに見られる白内障もこの遺伝形式によって罹患することが疑われています。
　ブルマスティフやイングリッシュ・マスティフのPRAも同様です。
　これらの場合，3通りの「別の」遺伝子の組み合わせが考えられます。

　優性遺伝子による異常で見られる3通りの遺伝子の組み合わせは以下の通りです。

- 正常な遺伝子（この場合は劣性遺伝子）をそれぞれの親から受け継ぐ場合。これらの犬は

"aa"と表現される。
2つとも正常遺伝子であるため，外見上も遺伝子も正常ということになる。子孫にも欠陥遺伝子は受け継がれない。

- 正常な劣性遺伝子("a")を片親から，もう片親から異常のある優性遺伝子("A")を受け継ぐ場合。
欠陥遺伝子が優性であるため，劣性遺伝子に勝ってしまい，これらの犬では部分的に罹患する。この欠陥遺伝子はどの子犬へも受け継がれてしまう可能性がある。これらの犬は"Aa"と表される。

- 最後に，両親からいずれも優性である欠陥遺伝子を受け継ぐ場合。これらの犬は"AA"と表され，完全に罹患する。繁殖に用いれば必ず1つの欠陥遺伝子が子犬に受け継がれてしまう。

以下はさまざま犬を交配させた場合に考えられる表現型です。

- 正常犬同士の交配("aa"דaa")：
 すべての子犬は正常("aa")

- 正常犬と部分的に罹患した犬の交配("aa"×"Aa")：
 子犬の50％は正常("aa")
 子犬の50％は部分的に罹患する("Aa")

- 正常犬と完全に罹患した犬の交配("aa"×"AA")：
 すべての子犬は部分的に罹患する("Aa")

- 部分的に罹患した犬同士の交配("Aa"×"Aa")：
 子犬の25％は正常("aa")
 子犬の50％は部分的に罹患する("Aa")
 子犬の25％は完全に罹患する("AA")

- 部分的に罹患した犬と完全に罹患した犬の交配("Aa"×"AA")：
 子犬の50％は部分的に罹患する("Aa")
 子犬の50％は完全に罹患する("AA")

- 完全な罹患犬同士の交配("AA"×"AA")：
 すべての子犬は完全に罹患する("AA")

肯定的に考えると，研究者は遺伝子の検査法の開発を進めており，こういった検査によってブリーダーは正常犬やキャリア犬を検出できるようになるかもしれません。その結果，失明を起こす遺伝性疾患の発病を徐々に減らすことができるかもしれません。遺伝子検査の詳細や利用については獣医眼科医にご相談ください。

遺伝学者にとって，いずれの疾患でも遺伝形式の決定が難しいことがあります。網膜形成不全がこのよい例で，網膜形成不全は多くが劣性遺伝と定義されていますが，矮小症も存在している場合，優性遺伝となります。その他の複雑な問題としては，同じ疾患でも遺伝形式は犬種により異なる場合があるということです。

これはブリーダーにとって，どの犬種が遺伝的に異常がないかを知るためにはややこしい問題です。
失明している犬は繁殖に用いないことが大切です。ACVOの獣医眼科医は以下の疾患に罹患した犬種は繁殖に用いないことを推奨しています。

- 白内障：獣医眼科医で異常なしと診断されていない場合

- 水晶体脱臼および亜脱臼：水晶体が脱臼また

は，ずれてしまう病気

・緑内障

・第一次硝子体過形成遺残：発育異常で，硝子体動脈が退縮せず，硝子体と水晶体が結合したまま残存してしまう病気

・網膜剥離

・網膜形成不全

・視神経コロボーマ：発育異常で，強膜に大きな凹みができ，視神経が障害を受ける病気

・進行性網膜萎縮

以上をまとめると，信頼できるブリーダーは健康な子犬を繁殖しようと努めるため，繁殖候補犬を検査し，繁殖犬を選びます。さらに欠陥遺伝子を持つ犬を繁殖しないためにプログラムを改めていますが，まだ難しく，確実ではありません。

興味深いことに，遺伝性疾患においては，遺伝的要因がすべての原因ではないと考えられます。健康管理の進歩と，環境要因が複雑に絡み合い，遺伝性疾患の引き金となります。言い換えれば，遺伝性疾患はおそらく遺伝子的要因と環境中のストレス因子が合わさったものと考えられます。これに関してより詳しい説明は，第16章「今日の犬たちと視覚」を参照してください。

第5章　失明に対する犬の反応

あなたが昔から知っている犬を考えてみてください。人と同じように犬にもそれぞれ個性があり，失明に対する反応もそれぞれです。沈うつになる犬もいれば，攻撃的になる犬もいるでしょう。そして，ご家族に依存する犬もいれば，何の行動の変化も見られない犬もいるでしょう。

以下の項目は犬がどのように失明に適応していくかに関わる要因です。

- **年齢**──若くて何事にも関心を示しますか？　あるいは長年眼が見える犬として過ごし，年をとってから失明しましたか？

- **体の健康状態**──健康上問題なく，これから新しくスキルを身につけることができますか？　あるいは失明によって悪化するような病気を持っていますか？

- **失明の兆候**──突発性後天性網膜変性症(SARD)の場合のように突然の失明でしたか？　あるいは徐々に視覚を失い，少しずつ行動を補うことができていますか？

- **これまでの訓練の経験**──共に活動をしていましたか？　あるいはただ家族の一員として存在しているだけでしたか？

- **性格と集団の中でのポジション**──堂々としていて支配的ですか？　あるいは怖がり，服従するタイプですか？　もしくはその中間くらいですか？

- **同居犬の年齢・健康状態・性格**──失明した犬の手助けをしますか？　それともポジション争いをしますか？

- **あなた自身の関心と献身の度合い**──犬を訓練し，励ますための時間と意欲があなたにありますか？

通常，徐々に失明する犬，若いうちに失明する犬，そして群れのリーダーでない犬は，より早く，かつ容易に失明に適応できます。一方で，老齢な犬，支配的な犬，突然失明してしまった犬の場合，適応するのが困難な可能性があります。失明した犬のご家族は，適応するためには通常3～6カ月かかると話しています。

もちろんさらに長くかかるケースもあります。あなたはあらゆる方法でこの過程を支えてあげましょう。

攻撃・逃避反応

犬自身は何が起こっているのか分からず，私たちが犬にそれを伝えてあげることもできないため，犬の気持ちを推し量ることしかできません。動物行動学者の1人は，犬は他の動物に攻撃された時のような体の不調を感じていると報告しています。病気(失明)になった時の反応と，攻撃された時の反応には似た点がありますので，この概念には有用性があるかもしれません。

犬には強い攻撃・逃避反応があります。数々の要因にもとづき，犬は立ち上がって攻撃を試みる

か（攻撃者），もしくは逃避する（攻撃者から逃げる）かもしれません。どちらも正常な反応で，生き残るために必要なメカニズムであり，犬の知力や性格のよしあしを表すものではありません。

恐怖と攻撃性

　実際，犬が失明した結果，攻撃者のように振る舞い，けんかをしようとするかもしれません。失明する前，あなたの犬が支配的かつ攻撃的であったとしたら，それはさらに顕著となるでしょう。同様に，失明する前は怖がりであったとしたら，失明後はそれが攻撃性となって現れるかもしれません。なぜなら，恐怖と攻撃性は密接に関連しているからです。

　真の攻撃者がいなくても，犬は襲いかかって来るかもしれません。唸ったり，噛もうとしたり，実際に他の同居犬やご家族，友人を噛むかもしれません。しかし，これも正常な反応です。

　このような状況にうまく対処するには絶妙なバランスが必要です。攻撃性はこれを促したり受け入れたりすべき行動ではありません。犬はストレスや恐怖を感じているため，激しく叱ると状況はさらに悪化して攻撃性が増す可能性があるのです。

　どのような状況でも攻撃性を刺激することは極力避けましょう。たとえば，他の犬がにおいを嗅ぎに来たり，訪問客が来たりした場合などです。おだやかに叱るように心がけましょう。攻撃的な行動を取った後に，甘やかしたり，抱きしめたり，あるいはトリーツ（おやつ）をあげたりするのはやめましょう。これは犬に攻撃性を繰り返すことを促すだけです。

　訓練が進むにつれて，こうした問題に対処するための具体的な方法も見えてくるでしょう。

沈うつ

　攻撃しても，もちろん犬は失明という現実に対してどうすることもできません。攻撃することが初期の反応ではない犬もいます。こうした犬は失明から逃げようとします。残念ながら逃避しても現実的にはどうしようもなく，失明はどこにでもついてまわります。結局のところ，どうにかしようとしてもうまくはいかないのです。

　犬の訓練士によれば，ドッグショー用の犬も同様の状況に置かれることがあるようです。ドッグショーでは特定の攻撃相手が存在せず，その状況から逃げることもできないため，多くの犬がストレスを感じ，打ちのめされてしまいます。動きは緩慢で，頭，耳，尾を下げ，沈うつとなってしまいます。

　沈うつは失明に対して一般的で正常な反応です。この状態を抜け出せない犬もいます。活動（遊び）をせず，日中に寝ていることが多くなります。以前は喜んでいたおもちゃ遊びや仕事をしなくなります。あるご家族は「部屋の真ん中で立ち尽くしてただ鳴いている」と言っています。

　SARDは，沈うつの身体的原因となることがあります。過剰なコルチゾール（ストレスホルモン）が産生されると，正常で有益な脳内化学物質の量を低下させます。コルチゾールの産生を減らすための治療をはじめることによって，犬が失明にうまく適応するためのサポートとなるかもしれません。

　もしあなた自身も飼い犬が失明したことによって落ち込んでいるなら，それは犬にも伝わってしまうでしょう。犬は感情のシグナルを飼い主さんから読み取ります。ご家族にとって悲しむことは大切ですが，このような感情は，犬には隠してお

第5章　失明に対する犬の反応

失明した犬の"ポリー"。ジョイス・カロザースさん提供。

失明したシー・ズーの"レオ"。

いた方がよいでしょう。特に悲しい時や泣きたい時は，犬にガムやおもちゃを与えて別の部屋に移し，犬から離れましょう。犬から離れることと，犬が感じる分離不安との間の微妙な境界線をあなたが見定めなくてはなりません。

　沈うつを和らげる別の方法としてマッサージがあります。マッサージのエキスパートでなくても犬によい効果を与えることはできます。体を触られても犬が嫌がらなければ，首や背中まわりにざっとマッサージを行ってみましょう。犬もあなたも楽しむことができるでしょう。

　マッサージは時間があれば毎日行いましょう。ヒトでは週2回のマッサージでもストレスホルモンを低下させるため，有効とされています。感情が落ち着いていることを確認してからはじめましょう。ゆっくりと深く，そして落ち着いて呼吸をしましょう。

　はじめに鼻先から頭の上まで撫でて，首，背中から尾まで下ろしていきます。マッサージをしている間は犬の反応を気をつけて見ていてください。もぞもぞ動いたり，マッサージを避けようとしたり，体のどこかを隠そうとしたりする様子が見られたら，嫌がっている証拠です。その部位のマッサージは避けましょう。最後に耳をやさしくもんで終了しましょう。

　マッサージには，犬のストレスを和らげる効果と，無気力な状態の犬に活力を与える効果の両方があるといわれています。あなたの犬はもうあなたを見ることができませんが，犬と再びつながりを持つことができる手段でもあります。触覚刺激は，犬がまわりの環境とのつながりを保つためによい方法でもあります。

依存

　依存傾向が強くなる犬もいます。自分で何かをするのを躊躇して，ほとんど部屋を歩きまわることをせず，もちろん階段の上り下りもしようとしません。このような状況ではご家族は犬のためにさらにいろいろ手助けしようとしてしまうため，視力があろうがなかろうが，犬は飼い主さんを操るご主人のようになってしまいます。

　依存とは一種の態度ですが，飼い主さんが知ら

ず知らずのうちにそれを助長しているかもしれません。ペットは私たちの母性や，世話をしたい本能を呼び覚まします。何か手助けをしたいのは普通の感情です。しかし，失明した犬が抱える障害を理解することは重要ですが，甘やかすこととは違います。甘やかすことは犬にとってあらゆる進歩の妨げになります。失明した犬のご家族には幾度となく見られる情動ですが，決して犬をあなたに依存させないでください。甘やかすことをやめ，トレーニングをはじめれば，犬は自分自身やまわりの環境に対する自信を取り戻すことができるでしょう。

第6章　群れの生活と行動の変化

　皆さんが海外旅行をする時は，きっとその国の文化や言葉について調べてから行くと思います。
　コミュニケーションの方法は文化によって異なっていますので，それは大事なことだと思います。挨拶をする時は，お互い握手する文化もあれば，頬にキスを交わす文化もありますし，お辞儀をする文化もあります。

　犬における「こんにちは」という挨拶は，私たちとはかなり異なっています。犬も，私たちと同じように彼ら独自の文化を持っていると理解しましょう。犬とのコミュニケーションを図るために，彼らの言葉を理解することはとても重要です。言葉を理解することで，失明が犬に与える影響がどのようなものかも分かるようになるでしょう。

犬でよく見られる挨拶の仕方。

や家畜などと群れをつくることがあります。飼い犬は通常，犬の間でリーダーを立て，さらに人を群れ全体のリーダーとします。子どもを含むご家族のすべてが群れの中で優位に立てるのがベストです。

群れのしくみ

　犬の基本的な社会構造は群れです。犬にとって群れがいかに重要かを多くの人があまり分かっていません。群れの社会は，犬における多くの行動とコミュニケーションの基本となるものです。

　オオカミは何千年も前から群れをつくり生活してきました。通常はアルファ（第1位）と呼ばれる雄のリーダーが存在し，さらに雌のアルファも存在します。群れの残りの犬たちは順位の高いものから順に階層型社会をつくります（ベータの雄と雌，ガンマの雄と雌といったように）。

　飼い慣らされた犬は，人や，場合によっては猫

群れの中での順位——支配と服従

　人間社会では，皆平等でありたいと願うものですが，犬の場合はそうではありません。
　難しいことですが，これを理解する必要があります。犬の群れとは，犬同士のつながりを深め，メンバーが生きていくことを保証するための組織です。すべての犬やオオカミが平等だったら，危険から群れを守るための明確なリーダーが存在せず，群れの安全を守ることができないでしょう。

　犬の群れにおける順位はいくつかの要素から決定されます。年齢，基本的な性格，そして群れの他のメンバーがどのように接するかなどです。高

支配的な犬

服従する犬

い順位の犬（支配的な犬）はより多くの特権を与えられます。1番よい寝場所を確保し，歩く時には他のメンバーを退けることができます。支配的な犬は唸ってフードを守ったり，下位の犬からフードやおもちゃを手に入れたりすることもできます。下位の犬にマウントしたり立ちはだかったり，なわばりを尿でマーキングします。

下位の犬にはベータ（楽天的な性格で状況によっては主導権を握ることもある）からオメガ（時に臆病で不安な性格）までがいます。下位の犬はおもちゃやフード，寝場所などをあきらめて支配的な犬に服従します。

服従とは，臆病とか罰などを意味するものではありません。犬の世界ではこれは協力であり，犬自身はこの取り決めに満足していることを理解す

ることが大切です。犬にとっては自分が群れの中のどの順位にいるかは関係なく，自分がどの順位にいるかを知りたいだけなのです。

失明した犬とボディランゲージ

犬は群れにおいての順位をボディランゲージで表します。失明した犬はボディランゲージを読み取ることはできないため，時に問題となることがあります。特に犬同士が初めて会った場合に起こります。皆さんも，お互い自己紹介をする時には，ボディランゲージが何を示すかを読み取ることができれば分かりやすいでしょう。

支配的な犬（攻撃的なものもいる）は，突進し，まっすぐに立ち，首の毛を逆立て，尾を硬くまっすぐに立てます。また，支配的な犬は服従する犬

第6章 群れの生活と行動の変化

をにらみつけます。

遊び好きなサブアルファの犬もだいたい支配的な犬のような行動を見せます。いくらか違いがあるとすれば，よく遊び，跳ね回り，前足を伸ばし胸を低くして他の犬を遊びに誘い，口を開けて笑ったような顔つきを見せるということでしょう。

服従する犬は次のようなサインを見せます。お腹を出して他の犬ににおいを嗅がせ，彼らのにらみを避け，姿勢を低くして自分を小さく見せます。

怯えた犬（時折攻撃的になる）は服従する犬と同様に振る舞います。耳や頭，尾は下げるか，巻き込んでいます。しかし，怯えた犬は隠れた部分のにおいを嗅がれるのを嫌います。逆毛を立て唸るかもしれません。これは警告のサインですから，見逃してはなりません。このような行動を見せる犬は，噛むことで恐怖を取り去ろうとしますので，こういった犬を「臆病な噛み犬」と呼んでいます。臆病な噛み犬の中には警告なしにいきなり噛みつく犬もいます。

群れのリーダーとしての人間

犬に協力してもらうには，あなたは群れにおいて最も順位の高いリーダーとして見なされなくてはなりません。また，人は犬が理解できるようにコミュニケーションを取らなくてはなりません。つまり，アルファ犬（第1位の犬）と同じようにコミュニケーションを取るということです。とはいえ，アルファ犬のように自分の犬に唸らなければいけないというわけではありません。

自分がリーダーであることを効果的にきちんと犬に伝えることができている飼い主さんはほとんどいません。言葉で命令するのみで，それを実行させることができなかったり，犬が唸ると退いてしまったりするのです。自分よりも常に犬の希望を優先してしまっています。

人は皆，自分を好きでいてくれる存在は大切です。自分の愛する犬にルールを強制することに違和感を覚えることもあるでしょう。しかし，実際には犬はそのように感じてはいません。犬の満足感や安心感は，秩序があって組織化した群れの環境によりもたらされるからです。犬への思いやりとは，頼りがいがあり，一貫性のあるリーダーとして犬と接することなのです。

私たちがアルファのポジションにそぐわない服従的な行動をしてしまうと，犬は混乱してしまいます。群れには真のリーダーがいないと判断すると，犬は自分自身がそのポジションにつかなければならないという本能が働きます。野生において群れが生き残るためにはこの本能は欠かせないも

のです。

　この本能は，現在の飼育犬における多くの問題行動の核心にもなっています。犬が家族のメンバーを自分より上位と見なさなければ，自分が支配しようと試みます。犬にとっては自然な行動で，気性が荒いとか，繁殖に問題があったというわけではありません。2つの異なる社会におけるルールの違いを表しているだけなのです，人がリーダーになるために求められることは手荒なしつけではなく，一貫性なのです。

群れからの分離

　野生においては群れのメンバーと一緒にいることで安全が守られますが，オオカミが1頭で群れから離れた場合，他の動物からの攻撃を受ける危険性が高くなります。これはご家族が犬を置いて出かけてしまう時に多くの犬が感じる分離不安の理由になっているのかもしれません。

　失明により，犬はリーダーであるあなたから視覚的に隔てられてしまいます。群れのメンバーがどこにいるかを見つけられず，不安を抱く犬もいます。自分の犬は失明して以降，ケージや小屋に入るのを嫌がると訴えるご家族もいます。

　失明した犬との暮らしにおいては，犬の驚くほどすぐれた嗅覚と聴覚をフルに生かしていくことになるでしょう。一方で，失明によって不安や分離されているという感覚を引き起こすことがあることを忘れてはいけません。人前に犬を連れていく時にはこれを意識しておくことが大切です。

支配的な犬が失明した場合

　失明した時にはもう1つ，適者生存の概念を考えなくてはなりません。特に支配的な犬の場合ですが，失明した犬は他の犬のボディーランゲージを読むことはできないため，かつてしていたのと同じアルファ行動で支配することができなくなります。その結果，他の犬が彼のリーダーの地位を奪おうとし，攻撃されてしまうことさえあります。

　犬には犬自身で群れの順位を決定させるべきだと考える行動学者がいます。一方で人は真の群れのリーダーとして，どんなけんかや攻撃も止めさせるべきだと考える専門家もいます。失明した犬が常にアルファ犬であったのならば，その地位を

維持するためのサポートをしてもよいかもしれません。

あなたがこのような努力をすることで，家の中において群れの中の対立やけんかを減らすことができるかもしれません。失明した犬が老齢であったり，免疫不全の状態であれば，ケガをすると治癒に時間がかかるため，できるだけけんかの機会を少なくすることが大切です。

失明した支配的な犬の補助

あなたの飼い犬の群れでは，規律をきちんと守らせることは，真のリーダーであるあなたの役割です。食事の時間には注意してください。他の犬が失明した犬の食事を盗ろうとしたら，物理的に犬同士を離してください。失明した犬が最初に食べられるように，食事を与えるのを数分ずらしてもよいでしょう。この両方を組み合わせることも時には必要かもしれません。

野生では，支配的なオオカミが捕獲した獲物を一番先に食べます。あなたが他の犬よりも先に失明した犬に食事を与えれば，失明した犬を支配的な地位に立たせることもできます。群れをコントロールするのが難しいケースでは，特別なごちそうやビスケットを他の犬の目の前で，失明した犬にだけ与えるのもよいでしょう。

一般的に支配的な犬は，出入り口を下位の犬よりも先に通るため，失明した犬を先に通すようにしましょう。これには他の犬を物理的に制止する一方で，失明した犬を言葉で後押しする必要があるかもしれません。それが難しければ，失明した犬と他の犬を別々に外に出すようにしましょう。

来客を予定している時は，失明した犬以外の犬はすべて別にしておきます。ベビー・ゲートで区切って隣の部屋に入れておくとよいでしょう。そうして失明した犬が最初に来客に挨拶できるようにします。必要であれば来客を探せるようサポートしてあげましょう。

失明したアルファ犬には，特別で優先して使えるベッドもしくは寝場所があることを確認してください。犬との生活は人それぞれ異なりますから，特別な場所もさまざまだと思います。あなたの犬がどこで寝ようと，寝場所があなたに近くなれば，より優先的な場所ということです。

犬の寝場所が外であれば，家の中に寝場所をつくればそこが優先的な場所になります。もともと家の中で眠る場合は寝室がそれに当たるでしょう。すべての犬がベッドであなたと一緒に眠っているなら，最もあなたに近い場所が優先的な場所です。

群れの他の犬に規律を守らせるためには，言葉で叱るのがよいでしょう。ただし，あなたが声を張り上げたら，失明した犬がどのような反応を示すかは意識していてください。自分が叱られていると考えてしまうかもしれませんから！　声を出

ラブラドール・レトリバーの"パイロット"が"マギー"(失明した犬)をサポートしているところ。キャサリン・ジェイミーソンさん提供。

さずに群れのメンバーをしつけるには、水の入ったスプレーボトルを使用する方法があります。

サブアルファ犬が失明した場合

真のアルファ犬というのは数少なく、それより下位の犬には前述したような補助は必要ないでしょう。こういった犬はリーダーの役割を持ちますが、通常サブアルファと称されています。サブアルファ犬は失明に対してあまり怖がらない様子で、しばしば視力のある他の犬から出る合図にしたがって行動します。2頭のサブアルファ犬を持つご家族によると、もう1頭の犬が、失明した犬の盲導犬の役割をしているそうです。

視力のある犬を群れに加える場合

失明した犬がサブアルファで、家族の中で1頭飼いの場合、サブアルファ犬をもう1頭仲間として加えることを考えましょう(失明した犬がとても支配的な場合は、2頭目が補助しても受け入れないかもしれません。また、新しく加わった仲間が支配的な場合は、失明した犬のために補助をしようとはしないでしょう)。

サブアルファ犬が失明した犬をサポートしているという例は多数あるようです。視力のある犬が失明した犬のために吠えて場所を教えたり、失明した犬が庭から家に入りたい時に、視力のある仲間にエスコートをしてもらうため、吠えたりすることもあります。可能であれば、犬同士の相性を判定するため、犬をテリトリーのない場所で会わせるのがよいでしょう。テリトリーのない場所とは公園や、アニマルシェルターの囲いのついた庭などがあげられます。リードを外して対面する方が怖がらない犬もいます。

数カ月かけて、失明した犬が見えない状況に慣れてから、新しい犬を加えましょう。必ずというわけではありませんが、雄犬と雌犬の組み合わせの方が、雄同士、雌同士よりも相性が合うことがあります。失明した犬が老齢であれば子犬期を過ぎた犬を選びましょう。子犬はまだ若く、しつこくつきまとうため、失明した老犬の補助ができるようになるまでには時間がかかってしまうからです。

失明した犬を群れに加える場合

失明した犬を引き取ったり、里親になったりするのは立派なことです。このような保護活動に関わる方々は、以下のアドバイスを参考にしてください。

ご自宅で迎える準備をしてから新しい犬を迎えに行きましょう。まず、他の犬を家のどこか1カ所にまとめて入れておいてください。新しい犬を入れたら、家の中のその他の場所を、リードをつけたまま探検させましょう。そうすることで、他の犬のにおいを嗅ぎ取ることができます。その後、新しい犬をケージに入れ、さらに安全のため、ケージのまわりにワイヤーの囲いを設置しましょう。

第6章　群れの生活と行動の変化

　次に，他の犬を1頭ずつ，ケージのある場所に入れてにおいを嗅がせ，新しく来た犬を見せましょう。支配的な犬から順に始め，1時間くらい経過したらケージのドアを開けます。出る意志があれば新しい犬はドアを押して出てくるでしょう。その時，ご家族はそばで眼を離さないようにしていてください。

　群れの犬が唸ったり身構えて攻撃の姿勢を見せたりしたら，水の入ったボトルを使ってやめさせるようにしてください。静かにすることができたら，言葉やおやつを与えて褒めてあげましょう。攻撃行動が認められるようであれば，しばらくは囲いを設置したままにしておくのがベストです。慣れるまでには数週間かかることがあります。

　その間に新しい犬とあなたとのつながりを築きましょう。グルーミングをしたり，遊んだり，訓練をすることで結びつきはできていきます。この1対1の触れ合いによって，新しい犬があなたを真の群れのリーダーと見なし，絆を深めることができます。

　失明した犬の性格をよく理解してから，群れのメンバーたちに会わせるようにしましょう。犬同士が初めて会う時，考えられる状況は以下の3つです。

- 新しく来た犬は犬好きで，他の犬たちと喜んで会う。
- 新しい犬はやや支配的もしくは臆病で，危険を感じて攻撃的になるか，他の犬に攻撃される可能性がある。
- 新しい犬はやや服従的で臆病であり，他の犬に会うと怖がる可能性がある。

安全な場所の確保

　群れにおける地位に関わらず，失明した犬には避難できる特別な場所があるとよいでしょう。騒がしい日常生活がストレスになっている時には特に有効です。安全な場所とは失明した犬にとって休息の場所であり，他の犬が入ってくる心配をする必要はありません。安全な場所は，夜の寝場所とは別の，お決まりの場所です。

　オオカミや犬は棲家をつくって住む動物であり，身の安全のために小さな守られた場所に身を隠します。犬にとって身を隠せる場所とは，犬のベッド，ケージ，小屋などです。安全な場所は特

定の椅子や，ソファの片隅であることもあります。

ケージや小屋を使う場合は，ドアは開けておき，失明した犬が好きな時に出入りできるようにしておきましょう。目の届かない時や外出時は，安全のためにケージのドアを閉めておきましょう。

ベッドやケージは，ご家族が最も多く時間を過ごす場所に置きましょう。しかし，人の出入りの多い場所には置かないでください。そうすれば，失明した犬はご家族とのつながりを持ちつつも，活発な遊びには加わらずに安全な場所で過ごすことができます。いろいろな場所で試してみてください。

他の犬が失明した犬の寝場所を探すことがおそらくあるでしょう。この場合はすべての飼い犬の分のベッドを用意しましょう。ここで大切なのは，失明した犬に常に自分の居場所と呼べる場所があるということです。他の犬が失明した犬の場所を奪おうとしたら，言葉で制止する，または物理的にどける必要があります。

犬の年齢に応じて，安心できる場所の位置を変えるなど，そこへ行くための工夫が必要になるかもしれません。

ジャンプしてケガをしたり，誤って落ちたりするのを防ぐために，ベッドをソファから床へ下ろしたご家族もいれば，小型犬がソファやベッドに上りやすくするようにスロープを設置しているご家族もいます。また，あるご家族によれば睡眠用ウェッジ（頭を持ち上げておくようにデザインされたスポンジ製の枕）もお勧めだそうです。いずれもソファの前側に接続すれば，上りやすくしてあげることができます。

他のメンバーの識別

音は，失明した犬にとって，他の群れのメンバーの存在と居場所を認識するのに大きな役割を果たします。失明した犬の中には，他のメンバーが寄ってくると驚いて怖がったり，攻撃的になったりする犬もいます。

そのような場合，いろいろな種類の小さい鈴を購入して，他の犬たちの首輪につけておきましょう。失明した犬にとってはこの音が合図となり，眼の見える犬を見つけることができます。もし，

第6章　群れの生活と行動の変化

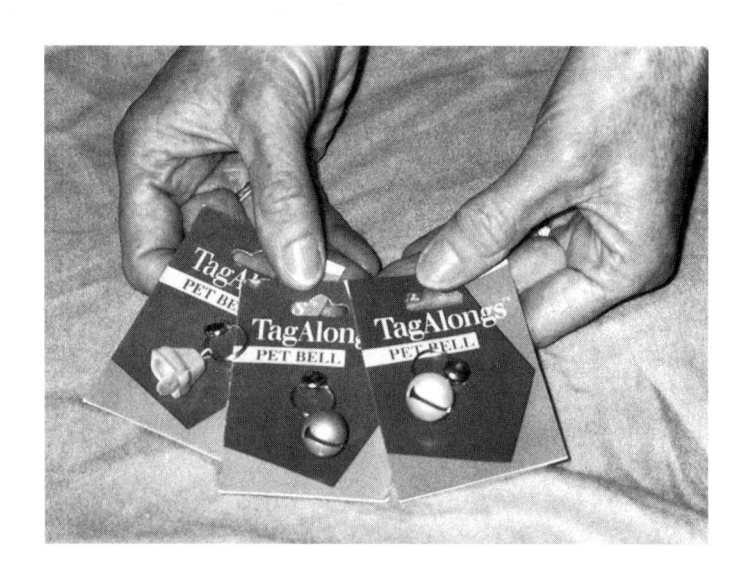

少し手間をかけて違った音やデザインのものを選べば，音の違いによってどのメンバーなのかを認識するのに役立つでしょう。

　あなたご自身にも鈴をつけるか，ポケットに入れてみてください。失明した犬が，家の中や庭でリーダーであるあなたを探すのに役立ちます。ケージの中で不安を感じる場合も，鈴の音であなたがそばにいると分かれば安心するでしょう。たいていクリスマスシーズンにはアクセサリーが豊富にあります。鈴のついたアクセサリーやスカーフ，靴下は婦人服店やデパートで手に入ります。

　あなたが鈴をつけない方法を選び，あなたが近寄ることで犬が驚き続ける場合は，部屋に入る時にかならず声をかけるようにしましょう。「ハーイ」といって犬の名前を呼ぶか，足を鳴らしましょう。

　あるご家族は，犬を抱き上げる直前に舌で音を鳴らすという方法を用いています。

吠え方の変化

　犬の吠え方で最もよく知られるのは，犬が争う際の吠え声です。これで危険が迫っていることを仲間に知らせます。その他には遊びをはじめる際や，喜びや欲求不満を表したり，外に行きたい時に知らせる吠え声があります。失明した犬においては興味深いことに2通りの変化が見られます。以前より吠えるようになる犬と，以前より吠えなくなる犬がいるのです。

　失明した犬は，欲求不満や不安を感じている時，または助けが必要な時により吠えることが多く，座って1回まず吠え，その後数秒置いて繰り返します。これは，居場所の確認をしてほしい時，ドアを開けてほしい時，あるいは何らかの補助をしてほしい時にあなたの助けを求めているのです。

　失明して間もない犬は，以前より吠えなくなる傾向があります。これは適者生存のための行動と考えるご家族もいます。野生の犬が失明して（弱くなって），ところ構わず吠えて自分の居場所を知らせてしまったら，攻撃される危険性が増してしまいます。声を潜めることは身の安全のための手段なのです。抑うつ状態の犬も，吠えなくなることがあります。

失明したシベリアン・ハスキー"ジェニリン"。ジェイミー・ウェストさん提供。

旋回

犬によっては,とりわけ群れをつくる犬種では旋回行動が見られることがあります。日常的には食事の準備ができた時や,外に行きたい時,散歩の前などに見られます。また,失明すると旋回行動があらゆる形で多くなることがあります。旋回して,ものに軽くぶつかるうちにどこに何があるかを理解します。こうして身のまわりのものを記憶していきます。

旋回は見当識障害によっても起こります。普段は寝ない場所で目を覚ました時に見られる行動で,旋回の範囲をどんどん広げて慣れ親しんだ場所を探し求めます。慣れたものが見つからないと,旋回行動はどんどんエスカレートしてしまいます。

ご家族がこれをやめさせて慣れた場所に誘導し,方向感覚を取り戻すのを助けてもよいでしょう。犬によって慣れ親しんだ場所が水飲み場であることもあれば,玄関のドアマットや犬用ベッドである場合もあります。テレビやラジオの音によって居場所を確かめる犬もいます。外出する時にはテレビやラジオをつけたままにしておくのもよいでしょう。

失明した犬にとっては,旋回も運動の1つです。家や庭の配置を覚えてしまえば,嬉しそうにくるくると回りながら走るようになるでしょう。安全に,有り余るエネルギーを発散させるのにもよい方法です。

旋回は身体の異常でも見られることがあります。耳の感染による痛みや緑内障,その他の炎症などで旋回が見られるかもしれません。けいれん発作の前兆であることもあります。ゆっくりと目的なく旋回する場合は,脳卒中やホルモンのアンバランス,認識障害である可能性もあります。

犬と猫

　家庭によっては，猫が飼育犬の群れの一員となって生活しているケースも多くありますが，これがうまくいかないこともあります。犬が猫を獲物と見なしたり，猫が犬を脅威として見なしたりすることがあります。その場合，猫を追いかけないように犬をしつけてください。しつけには水の入ったスプレーボトルが便利です。お互いの存在を受け入れられるようになるまでよく観察していてください。

　猫に鳥を守るための鈴がつけてあって，群れの犬にも鈴をつけたい時は，猫の鈴とは違う音の鈴をつけてください。猫がもともと鈴をつけていなければ，あえてつける必要はありません。

　猫が犬をいじめるケースもあります。猫が爪で眼を引っ掻こうとするのを，失明した犬はなかなかよけられないため，とても危険です。猫の引っ掻き傷は重傷となって，時には外科手術が必要になることもあります。もし失明した犬が気づかずにしばしば猫にぶつかってしまうようであれば，失明した犬の首輪に鈴をつけておく方法もよいかもしれません。いずれにしても猫には，犬の入らない専用の部屋が1つあるのが理想的かもしれません。

　ドアが少し開いた状態で固定するか，ベビーゲートを取りつけて，猫は出入りできても大型犬は入れないようにしておきましょう。

　群れのメンバーにしっかりと規律を守らせるのはリーダーであるご家族の皆さんの役割であることを忘れないでください。そして，犬は群れの中での自分の順位をはっきり認識すれば，より安全であることも忘れないでおいてください。ご家族の接し方が一貫していれば，犬たちにとっても自信につながるでしょう。

第7章　訓練の手法

　失明した犬に訓練をしてどんなメリットがあるのかと不思議に思う方がいるかもしれません。もし，犬を訓練した経験がさほどない方なら，ことのほかそう感じることと思います。こういったご家族は，犬は単純にペットであり，きちんとした訓練は必要ないと認識しているのかもしれません。

　失明した犬に新しくスキルを学ばせることには，いくつもの有意義な面があります。まず，きちんとした訓練を受けた犬は，試行錯誤した場合よりも失明に対してより早く，上手に適応できるようになります。そして，新しいスキルを身につけると，それが成功すれば自信になるのです。

　新たなスキルを身につけていくにつれ，犬は失明する前よりも動きがよくなります。失明した人は，これをモビリティートレーニングと呼んでいますが，これによって自尊心や家族関係，健康状態を良好に保つことができるのだそうです。

　訓練によって犬は恐怖と戦うことができるようになります。抑うつや不安，依存を克服することができるようになるのです。新たなスキルを身につけることで犬にとっては集中することができ，犬はより幸せで，自信にあふれるようになります。

　犬が日常の活動（郵便ポストに行く，車やボートに乗るなど）を再開できるようになると，犬のクオリティ・オブ・ライフは上がります。こういった活動に参加することで，犬は不安や抑うつ

失明したゴールデン・レトリバーの"ケイト"。ギャリー・スティーブンさん提供。

を減らすことができます。

　失明した犬を訓練することは，安全対策でもあります。失明した犬は見えないものによってケガをするリスクが高いからです。障害物にぶつかったり，他の犬から攻撃されたり，走っている車にはねられたりすることなどが考えられますが，訓練によっていくつかの新しい号令を理解することが，いつか犬の命を救ってくれるでしょう。

失明したシーズー犬の"レオ"。

犬がスキルを実行しない時は，あなたの命令が理解できていないのかもしれません。

　犬と一緒に仕事をすることは，時間を共に過ごす素晴らしい方法です。失明した犬の飼い主さんは，自らの役割を犬のコーチやチアリーダーであると強調しています。訓練を通して犬と人の素晴らしい絆が築きあげられ，互いの信頼関係が深まります。とはいえ，公のしつけ教室に参加する時には注意しましょう。自分には見えない犬がたくさんいることで怯えてしまうことがあります。

正の強化

　犬の行動学やしつけについては多くの論文があります。それらを要約すると，訓練の1つは，要求に応じた行動ができた時にごほうび（おやつなど）を与える方法であり，これを正の強化と呼びます。もう1つには行動ができなかった時に修正や罰を与える方法があります。

　失明した犬の訓練では，正の強化を中心に考えましょう。罰を与えることは失明した犬には適切ではありません。これらの犬はすでにストレスや不安を感じているからです。罰を与えられたことがあるために，訓練に怯えるようになってしまったら，上達を妨げてしまいます。罰に対する恐怖は攻撃性や抑うつを悪化させてしまうでしょう。

　正の強化には，フードを与えて訓練するというものがほとんどです。フードのごほうびは，命令に対する正しい行動ができたということを伝えるのに最も簡単な方法です。犬も，人と同様に，仕事のモチベーションを保つためには報酬をもらわなくてはなりません。もしあなたが訓練にフードを用いたくない場合は，代わりにお気に入りのおもちゃを与えるか，言葉でほめてあげましょう。

ストレスと向き合う

　訓練の過程では，犬に辛抱強く接してください。もし最初に何かのスキルを実行できなかったとしたら，それはおそらく犬があなたの要求を理解できていないことが原因です。これは単に，ごほうびを用いたさらなる訓練が必要であることを意味します。専門家によれば，犬が新たにスキルを身につけるには，5通りの状況において，5回繰り返さなくてはならないといわれています。

もしあなたの要求を犬が理解していて、それでも何も反応を見せないとしたら、それは犬が身の回りのものの何か他のことにストレスや不安を感じているということです。昔は、そのようなことが起こると、トレーナーはしばしば犬が飼い主さんの権威に挑戦していると考えました。しかし現在では、このタイプの反抗はめったに起こらないと考えられています。はじめてのお客様の前や、公共の場での訓練は、犬がストレスを感じるため難しいでしょう。

　言葉やたたくなど、犬を叱りたくなっても我慢してください。方向指示の伝達には首輪が使用されますが、従来の矯正用首輪は使用しないでください。しつけがあなたの思うようにいかない時には、より単純な訓練に戻ってみてください。

　フードのごほうびを犬の顔に近づけてすぐそこにあることを示せば、犬はあなたの要求する命令に集中しやすくなるでしょう。ごほうびは失明した犬を誘導し引きつけるのにも有効です。

　あなたの出す命令を理解し、さまざまな状況で実行できるようになったら、それはストレスを乗り越えれば、ごほうびをもらえることを学習し理解したということです。繰り返しの訓練で（犬によって程度はさまざまですが）フードのごほうびなしにあなたの命令に従えるようになるでしょう。

　ここまできたら、フードの代わりに言葉でほめてみましょう。言葉でほめることの効果は犬によってさまざまで、「いい子ね」というだけで満足する犬もいれば、拍手も交えて「ワー、よくやったね！」とほめてあげることが必要な場合もあります。惜しみなくほめてあげましょう。そうすれば自信がつきます。

　時間が経っても犬に進歩が見られないと感じる時は、ジャックポットと呼ばれるテクニックで訓練してみましょう。これはごほうびにフードをいくつも用意することに由来する呼び方で、これで多くの犬がストレスを克服することができます。

　身体的な理由で進歩の遅い犬もいます。SARDに罹患した犬は、常にエストロゲンなどの性ホルモン値が上昇しています。エストロゲンは脳に障害を引き起こすといわれており、学習能力や短期記憶を妨げる可能性があります。

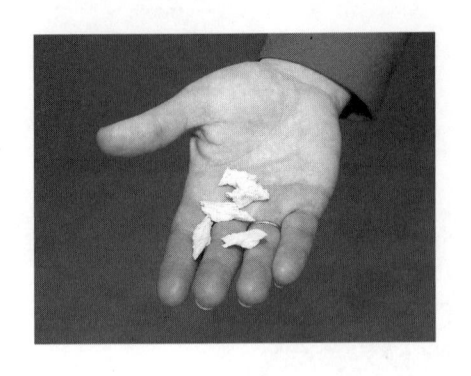

あなたかもしくは犬のどちらかの調子が悪い時には、訓練はお休みして、別の機会にまた行いましょう。毎回の訓練を明るい雰囲気で締めくくるように心がけてください。

訓練の機会

皆さんの多くは忙しいスケジュールをこなしていると思います。訓練のために毎日、特定の時間を設けなくてはならないと考えているとしたら、そうではありません。訓練はいつでもよいのです。洗濯物が乾くのを待っている間や、夕食ができるのを待っている間、お気に入りのテレビ番組のコマーシャルの間にも訓練はできます。

訓練のタイミングは1日中ありますから、これらを上手く利用してください。日常の仕事の合間に行うのがベストです。しつけ用のごほうび（凍結乾燥したレバーなど。腐りません）を特定の訓練を行う場所（たとえば階段）に用意しておきましょう。

皆さんに1つだけ努力していただきたいことがあります。多頭飼いをしている飼い主さんは、失明した犬を訓練する時は、他の犬とは別にしておいてください。他の犬がしつけ用のごほうびを取り合っている中で、1頭の犬だけに関わるのは難しいためです。ベビーゲートで分けておくか、他の犬を短時間だけ屋外に出しておきましょう。

号令の選択

あなたの犬はおそらくもう基本的な言葉は理解できていると思います。「お散歩に行く？」とか「ごはんよ！」などの会話です。話しかけるほど、犬はどんどん学習します。

かつては犬が覚えられる単語は20語ほどしか

乾燥レバーを飾り用ティーカップにストックしている様子。

ないと考えられていました。しかし，訓練士によればその4～5倍，時に6倍もの単語を理解できると考えられています。飼い主さんの声が犬を安心させるようですから，どんどん犬に話しかけてください。

犬に新たなスキルを教える時は，犬が覚えている言葉や会話を考えて，すでに学んだ言葉と混乱しそうにない新しい言葉を選びましょう。そうしないと犬は混乱するかもしれません。実際，使用する単語や会話はたいして重要ではなく，それをどのように伝えるかが大切です。お望みであれば野菜の名前だけで訓練することだって可能なのです。あなたが覚えられ，一貫して使える号令を選びましょう。

たとえば，「ダウン」という言葉が「床に伏せること」だということを犬がすでに知っているのなら，これを「階段を下りなさい」という命令にも用いることはせず，「ステップ（階段）」や「カーブ（縁石）」など，他の号令を用いましょう。言葉による命令は元気よく，落ち着いた声でかけましょう。声にイライラしていることが現れてしまうなら，まず休憩しましょう。

訓練が終了したことを犬に知らせる号令もあると便利です。集中する時間の他は休憩させてあげることができます。訓練士はこれを，犬を「リリースする」といっています。これはリードを外して自由に走らせるのではなくて，「オーケー」などと声をかけて手をたたき，訓練が終了したことを知らせてあげましょう。

一貫性が重要であることは，どれだけ強調してもしすぎることはありません。これは話し方や号令のイントネーションも統一するということです。ボディランゲージを通すと多くのコミュニケーションがとれます。たとえば，犬に横になることを教える時は，体を寄せて床を指します。しかし，失明した犬には，言葉によるコミュニケーションが重要となります。ご家族の他の人もあなたと同じような方法で号令を出せるように手伝ってあげましょう。訓練によって，失明して見られなくなってしまったいくつもの行動を再び見られるようになるでしょう。たとえば，お気に入りのおもちゃを取り出す時の犬のうれしそうな顔が見られなくなって残念に思うなら，毎回おもちゃの名前を呼んで与えてあげましょう。教える単語が多ければ多いほどよいでしょう。時間とともに以前と同じような期待を込めた表情が戻るでしょう。このような訓練により，視覚があろうがなかろうが「お散歩」という言葉を理解できるようになるわけです。実際には犬に分かってしまわないように，多くのご家族が犬の前で単語のアルファベットをつづるという手段をとったりするようになります。

訓練用器具

訓練用器具はいくつかの基準で選びます。
犬の大きさ，活動性のレベル，そしてあなたの力の強さなどです。どの器具が犬にとって最適

訓練に適した幅の広い首輪の例。

か，いろいろ試してみる必要があります。犬の年齢や訓練の理解度が変化すれば，器具も変える必要があるかもしれません。

■ **首輪とハーネス**

訓練では首輪に力を加えて合図をすることが多くなりますので，首輪の選択は重要です。家の中での訓練では，幅の広い首輪がお勧めです。首輪に合図をする時，余計な力や不快感を与えずにすむからです。

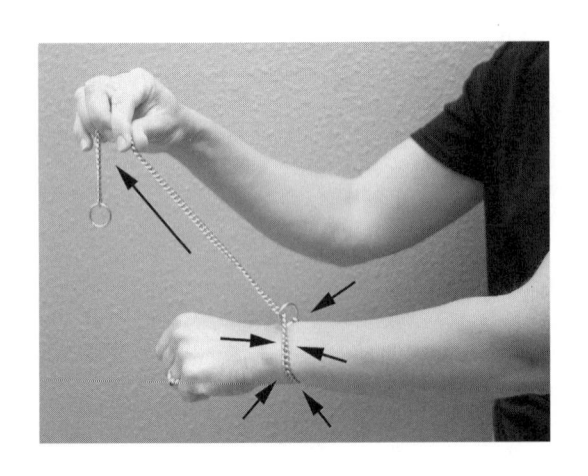

動きをコントロールするにはスリップカラーやチョークチェーンも有効ですが，失明した犬に正の強化を訓練する時には必要はありません。実際，訓練中はチョークチェーンやスリップカラーを使用することは一般的にも推奨されていません。首輪が締まって首全体を絞めつけてしまうため，犬は罰ととらえてしまうことがあるからです。屋外でのしつけにはチョークチェーンは必要かもしれません。小型犬にはハーネスでもよいでしょう。

ハーネスの利点は合図を体のより大きな部位に伝えられることですが，欠点は一般的に首輪ほどは良好にコントロールできないことです。カート（荷馬車など）用にデザインされたハーネスは，両側につけられたDリングを通してリードがつながるようになっています。リングの間にリードを取りつけると，よりコントロールしやすくなりま

第7章　訓練の手法

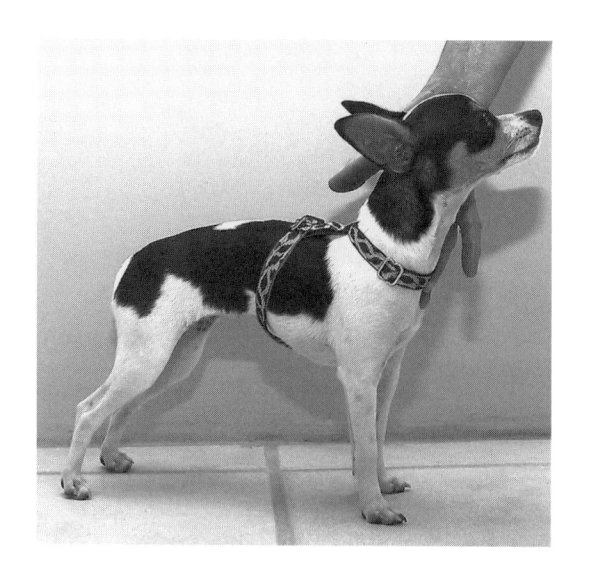

す。引っ張り防止のハーネスは合図が適切に伝わらないため，使用しないでください。頭部のハーネスやホルターは活発な犬のコントロールに役立つかもしれません。

いろいろ道具を組み合わせてもよいかもしれません。活発な大型犬はバックルのついた首輪やハーネスを訓練用のリードとして1つ取りつけ，2つ目にチョークチェーンやとがった首輪，頭のホルターをつけてコントロールするのもよいでしょう。とがった首輪は残酷に見えるかもしれませんが，あらゆる面で他のものよりも苦痛の少ない方法であり，力の強い犬のコントロールには最適です。

> **注**：野生では雌犬は子犬の頭をくわえてしつけをします。犬によっては顔への力を加えると服従の姿勢を見せることがあります。こういった犬では気力を失って訓練をしたがらなくなるかもしれません。その場合は通常の首輪を用いて訓練をしてください。

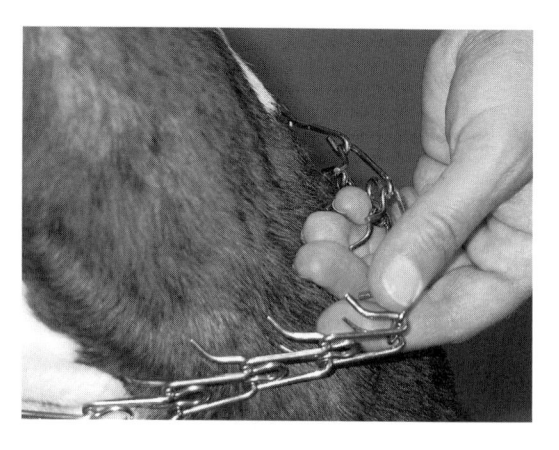

リード

チェーンリンクのリードはお勧めできません。あなたにとって手触りも固いですし，犬の顔に当たることもありますので，ナイロンかコットン，革製のリードを使いましょう。

家の中で使用する場合はおそらく3〜6フィート（約90cm〜1.8m）の長さの短いリードで十分だと思います。屋外では長く収納式のリードが必要になるかもしれません。パイプリード[プラスチックのPVC（ポリ塩化ビニル）配管用パイプを使ったリード]については次章でお話しします。

> **注**：失明した犬のリードを外して遊ばせる時は十分に注意してください。獣医師の多くはこれを推奨していません。あきらかに不適な状況であり，失明しているために事故に遭う可能性があります。

ごほうび

犬に与えるごほうびを選ぶ時，食物アレルギーや犬の健康状態をよく考慮して選びましょう。摂取カロリーも重要です。小型犬には小さく分けて

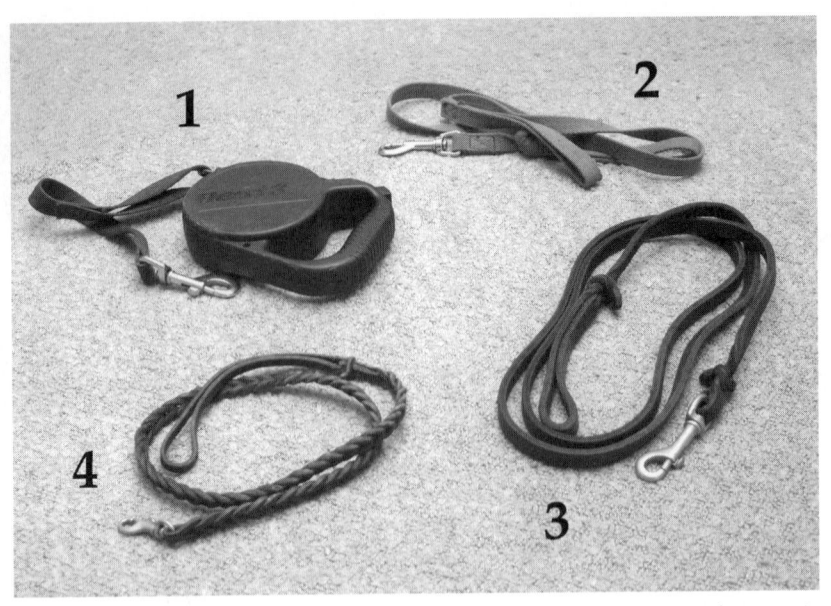

適切なリードの例：(1) 収納式リード，(2) 長さ6フィート(約1.8m)のコットン性のリード，(3) 長さ6フィート(約1.8m)の革製リード，(4) 長さ3フィート(約90cm)の革製の編みリード。

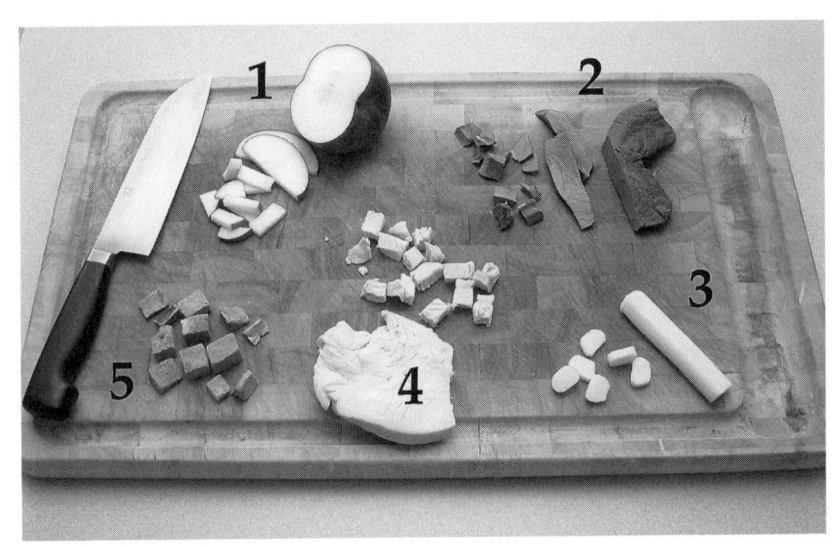

健康によい訓練用のトリーツの例：(1) スライスしたリンゴ，(2) 牛の心臓，(3) モッツァレラストリングチーズ，(4) 七面鳥，(5) 乾燥させたレバー。

与えましょう。訓練中に多量のトリーツを与えてしまう時は，晩ごはんの量を調節してください。あまり食べない犬には嗜好性のあるものや香りのよいものを選んでください。それでもまだ興味を示さなければ，晩ごはんの直前に訓練をしてみてください。おもちゃや言葉でほめてあげることもよいでしょう。

もし食べ物に過度に興奮してしまう時は，そこまで興味を示さないリンゴやニンジンのスライス

をトリーツとして使用してください。このような例では晩ごはんの後に訓練するとよいでしょう。いろいろなタイプの食べ物を与えてみて，犬にとってどれが好きで，訓練しやすいかを試してみてください。

その他の器具

トリーツを入れておくために特殊につくられた訓練用トリーツ入れがあります。ペット用品店やドッグショーで手に入ります。大きなポケットがついたコートも便利です！ すぐにごほうびを与えることで学習能力が向上するので，訓練用トリーツを入れておく場所を決めておきましょう。

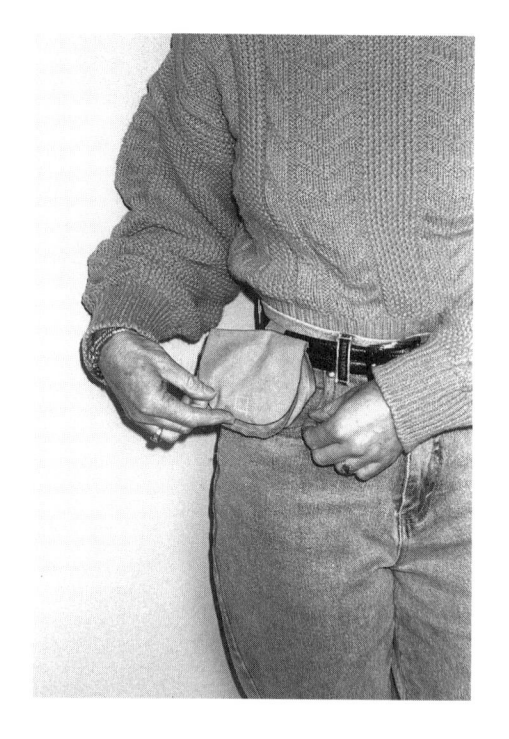

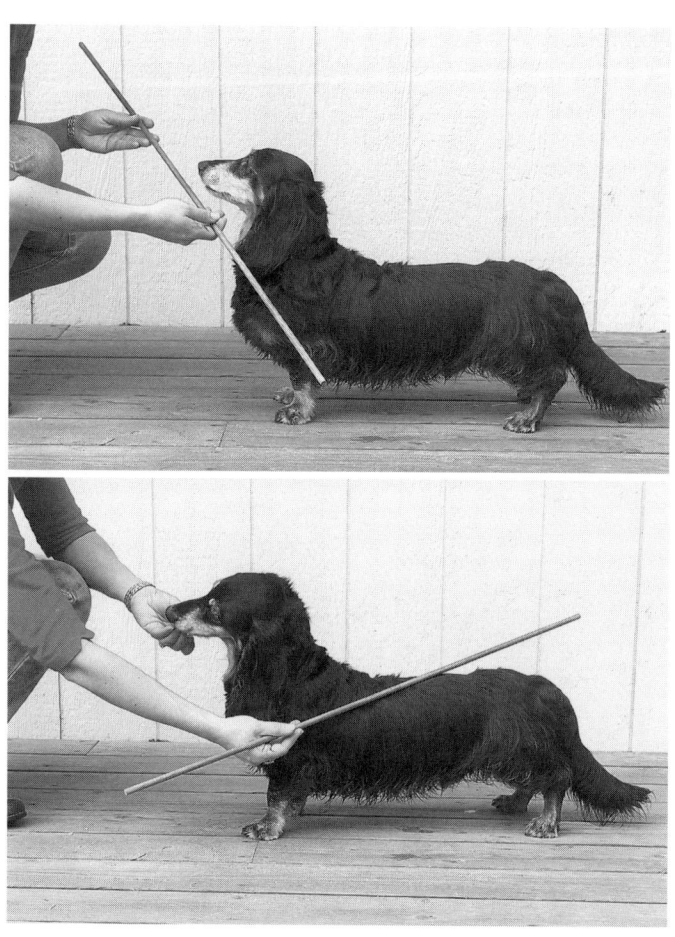

小型犬の訓練には杖や細い棒も便利です。このような棒を用いれば腰を低くしなくてもすみます。立ったままで犬に触れて命令をすることが可能になります。

　リードや新しい首輪，訓練用の棒などの道具は，犬が徐々に慣れるようにしていきましょう。これらに警戒する犬もいるでしょうし，過去に似たような道具で虐待された犬もいるかもしれません。道具を示す時はおだやかな口調でほめ，トリーツを与え，慣していきましょう。

第8章　失明した犬が身につける新しいスキル

　もし犬が失明してしまったら，彼にはいくつか新しいスキルが必要になるでしょう。ここでは，「ゆっくり（または落ち着け）」「待て」「戻れ」「進め」といったスキル，方向の合図の仕方や歩き方のコントロール，その他の基本的なスキルについてのお話をしましょう。こういった訓練によって，あなたの犬は失明に適応していくことができるでしょう。

「ゆっくり」または「落ち着け」

　失明した犬に教える最も重要なスキルの1つは，号令でスピードを落とさせることです。これによって犬は障害物にぶつからずにすみます。また，方向が分からなくなった場合に自分自身を落ち着かせることにも役立ちます。

　号令にどんなかけ声を用いるかということより，かけ声をどのように使うかということの方が大切です。「ゆーっくり」，または「落ち着けー」といったように，延ばせる言葉を選びましょう。動物は，長く延びた音を聞くとスピードを落とす傾向があります。

■「ゆっくり」の訓練

　まず，家の中でやってみましょう。犬にバックルつきの首輪またはハーネス，それからリードをつけて，部屋の中を一緒にあちこち歩いてみてください。犬が混乱してしまうため，あなたの所には呼ばないでください。犬がただ立ってあなたが行動を起こすのを待っているだけなら，動き回りやすい家の外で訓練してみてください。

　犬があなたのことに興味を向けていなかったり，勝手に動き回っていたりするなら，徐々にリードを引く力を強くするか，胸に手を回して体でスピードを落とさせましょう。リードを急にぐいと引いたり，胸をたたいたりしてはいけません。あなたの目的は驚かせてスピードを落とさせることではないのですから。

　リードや犬に力をかけたい時は，「落ち着けー」といった号令をかけましょう。この訓練には声のイントネーションも大切です。犬がスピードを落としたらごほうびを与え，ほめてあげてください！　リードを引いて犬に合図をしたい時は，もう片方の手にごほうびを持っておきましょう。スピードを落とさせるのに手を使う場合は，あなたの口の中か，すぐに取り出せるポケットにごほうびを入れておいてください。

　犬を開放する時は「オーケー」，または同様の号令を用いましょう。訓練が続けられるように，犬

を再び自由に歩き回らせてください。

　訓練中は，犬の目の前に障害物を置かないようにしてください。号令を理解し，自信を持って従うことが大切です。犬がスピードを落とさずに障害物にぶつかってしまったら，罰を与えて訓練していることになってしまいます。大切なのは，犬にあなたを信頼させることです。よいリーダーは，決してわざと失敗するように仕向けることはしません。

　犬によってはスピードを落とすだけでなく止まってしまうかもしれません。この場合はおやつを手に持って犬の鼻の少し上にかざしますが，まだ与えてはいけません。おやつを使って前方へ歩かせ，あなたは左側にくるっと向きを変え，そのまま左へ小さい円を描くように歩きます。これは犬が前方へ歩いていってしまうのを阻止するために効果的です。犬がスピードを落としたら号令をかけて，スピードを落とせたことをほめてあげましょう。やがて，言葉による号令を聞いただけで

第8章　失明した犬が身につける新しいスキル

（落ち着けー）

スピードを落とすようになります。これができるようになるまでにかかる時間は犬によって著しく違いがありますので，辛抱強く訓練してください。正しくできた時には，ひたすらほめ続けましょう。号令だけで毎回できるようになったら，次はリードを外しての訓練です。

■リードを外した状態での「ゆっくり」の訓練
　リードを外しての訓練は家の中，もしくはフェンスで囲まれた庭で行うのがよいでしょう。犬が落ち着いているか，疲れている時を選んで行います。興奮している時は，リードを外してしまうとものにぶつかりがちです。その場合は犬の首輪か胸をやさしく押さえ，手で障害物をたたいて号令を繰り返しましょう。じっとしていることができたらおやつを与えましょう。するべきことを犬に穏やかに認識させれば，犬は集中しやすくなります。

　このスキルはしばしば使うことになるでしょう。あるご家族によれば「気をつけて」の号令でも，犬がスピードを落とすなど，「何か」に備えることができるそうです。この「何か」とは階段や壁，家具などを指します。

　あなたの犬の日々の動きを観察してみましょう。障害物にぶつかりそうな時は，まず「ゆっくり」の号令をかけましょう。そして方向を変えさせるか障害物をどけるか，または別の方向から彼を呼ぶなどしてください。この訓練では，家中のあちこち適当な所におやつを置いておくとよいでしょう。

　この訓練はご家族側の努力が必要である一方，犬が失明した時にご家族が最も困惑してしまうこと，つまり障害物にぶつかることをこれによって乗り越えることもできるのです。あなたの犬がどこにいるか，常に把握しておきましょう。犬の行動を予測し，必要に応じて言葉で合図を出しましょう。

「止まれ」と「待て」
　スピードを落とすことと，完全に止まる行動を分けて教えるご家族もいます。「止まれ」と「待て」は障害物を拾ってぶつからない所へどける時，またはリードを外して自由にさせている犬を再度リードにつないだりする時などに便利です。

「待て」は犬がソファーや車から飛び降りようとしている時に，それをコントロールすることにも役立ちます。家の中のどこか，あなたがそばにいない場所で方向が分からなくなった時や，補助が必要な時などにもこの号令を使いましょう。そうすれば，犬はあなたが助けに来るまでどうしたらよいかを学習することができます。

犬と一緒に訓練しながら，この2つの命令の一方だけでよいのか，もしくは両方の訓練が必要なのかを決めていきましょう。しかし，2つの訓練をいっぺんに行わないでください。「ゆっくり」と「待て」は私たちにとっては違う意味で使っていますが，同時に教えると犬は混乱してしまうことがあります。

■「止まれ」と「待て」の訓練

「待て」の訓練では，「ゆっくり」で使用するものとは異なる号令やイントネーションを用いましょう。「ゆっくり」は長く引き延ばしますが，「待て」では「止まれ！」や「待て！」と短く，かつ鋭い語調でかけましょう。しかし，叫ぶ必要はありません。

リードや胸に徐々に力をかけて犬がしっかり止まるようにしましょう。強くたたいたり，リードを急に引いたりしないでください。犬が止まることができたら，ほめてあげましょう。少しじっとしていられるようにおやつをいくつか与え，それから自由にしてあげましょう。

「行ってよし」

失明した犬のご家族に，「待て」とは反対の意味の号令をつくることが大切だと言う方がいます。彼女は安全で広々とした場所で安心してリードを外し，「行ってよし」と声をかけ，走らせているそうです。この状況においてはそばに障害物がないことを，彼女の犬は理解しているのです。

重ねてお話ししますが，失明した犬をリードなしに遊び回らせる時には十分に注意してください。眼が見えないことで危険な状況になっています。そんな時は長いリードや収納式のリードを使用すれば，安全を保ちつつ自由にしてあげることができるでしょう。

「おいで」と「戻れ」

あなたの犬にとっては新しいスキルではないかもしれませんが，「おいで」と「戻れ」はもう1度練習してもよいスキルです。特にあなたの犬が，眼が見えていた時に呼んでも来ない犬だったとしたら，このスキルを訓練し直すことは大切です。「戻れ」を覚えれば，あなたの犬が庭で方向が分からなくなった時に（あるいは遊びの一環として），あなたの所に帰ってこさせ，危険な状況から守ることができます。

本来，「戻れ」の学習では犬の名前を呼び，さらに「おいで」と声をかけます。犬が号令に従わない場合，訓練士の多くは，飼い主さんが犬の所へ行って体もしくは言葉で従わせるよう促しています。あなたの所へ引っ張ってくるように促すことさえありますが，このような扱いを受けた犬にはすぐに「戻れ」がとことん嫌な訓練として条件づけされてしまいます。

あなたの犬にこのような経験があるのなら，すでに学習した訓練を打ち消すため，通常より少し多くの努力が必要です。きっとできるはずですから心配することはありません。新しい言葉を用いてこの訓練をやり直しましょう。たとえば，「こっち(Here)」を使ってみてください。

■「戻れ」の訓練──その1

訓練用のおやつを，腕を伸ばした距離で犬の鼻の上で持ちます。服従訓練の時のようなお座りの

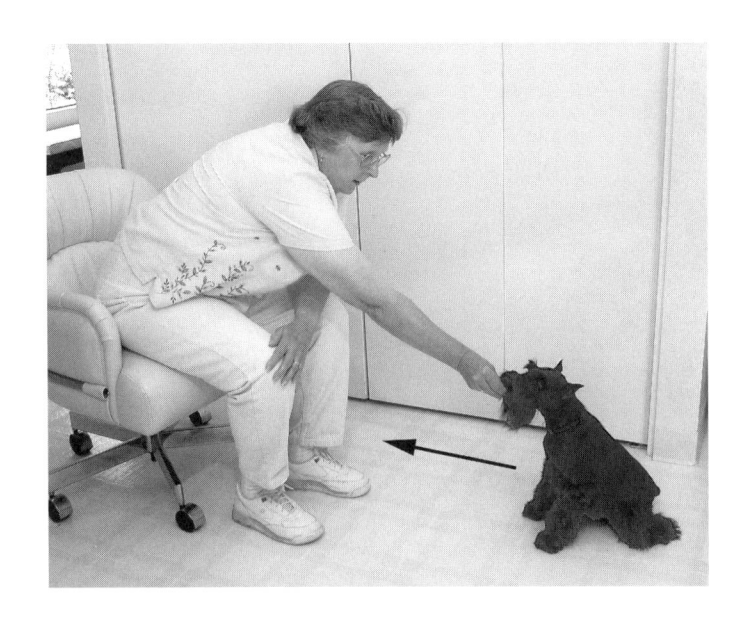

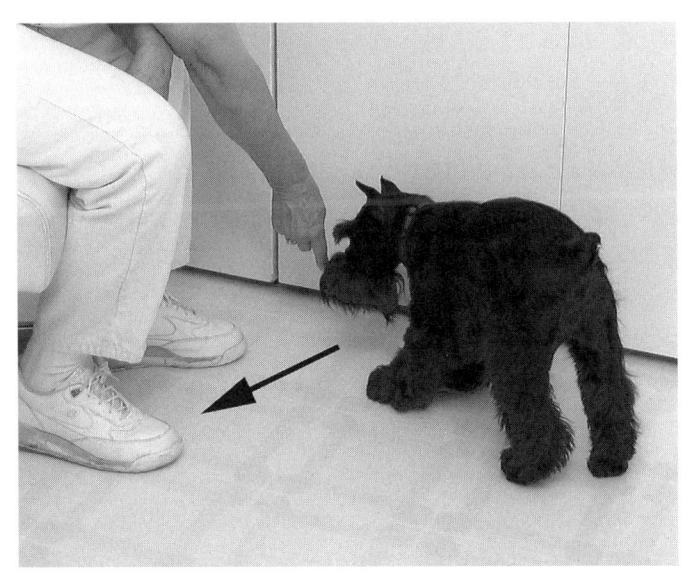

第 8 章　失明した犬が身につける新しいスキル

犬が何かに気を取られてしまったら，誘導してあなたの方に戻しましょう。

姿勢でなくてもかまいません。ゆっくり腕をあなたの体に近づけましょう。おやつにつられて犬が来るように，ゆっくり近づけてください。犬が止まってしまったらおやつを犬の鼻の上に戻し，またおやつを使って前へ誘導します。

　おやつを動かすのが速すぎた場合などでは，おやつのにおいが分からなくなってしまうことがあります。この時，彼はおやつを探して歩き回ってしまいますからこれは避けましょう。あなたの方へできるだけまっすぐに来るように覚えさせましょう。

　犬があなたに近づいてきたらおやつを与え，「何てよい子でしょう！」などと言葉をかけてほめてあげましょう。あなたの所へ来てもお座りをさ

グッド・ガール！

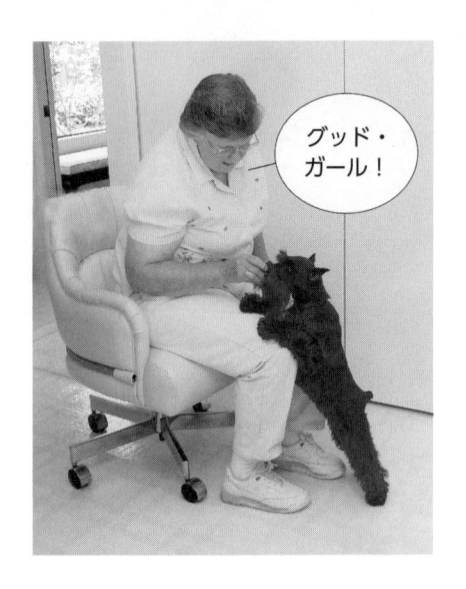

せる必要もありません。自由にさせてまた繰り返しましょう。

これを何度も繰り返し練習すると，犬はおやつについてあなたの方へ歩けばごほうびをもらえることを覚えるはずです。「戻れ」では，後に距離の要素も加わってきますから，次はにおいに別の合図を加えて訓練してみましょう。

■「戻れ」の訓練——その2

次は連続した音を訓練に取り入れてみましょう。これは，「おいでーおいでーおいでーおいでー」や，「パピーパピーパピー」というように号令を何度も繰り返すとよいでしょう。この連続した音は，犬があなたから遠く離れている時，聴覚的に誘導する役目を持ちます。さらにあなたの声だけでなく，手をたたいたり，キュッキュッと鳴るおもちゃや口笛，クリッカーを用いたりするのもよいでしょう（クリッカーはある種の服従訓練に用いられます）。これらの道具を使うのに問題があるとしたら，それはあなたが道具の置き場所を忘れてしまった時でしょう！

必要であれば家具をどけて広々とした場所で訓練しましょう。思いがけず障害物にぶつかってしまうと，犬は訓練を怖がるようになってしまいます。犬を呼ぶ時には危険のない安全な場所で呼ぶように注意しましょう。

■「戻れ」の訓練——その3

食べ物や連続した音で訓練することに慣れたら，今度は訓練に距離という要素を取り入れる時期です。犬から数歩下がり，腕を伸ばした距離でおやつを持ち，連続した音を立ててみましょう。あなたの方向へ犬が歩こうとしない（全く動かないか，違った方向へ行ってしまう）場合は，犬の所へ近寄っていき，鼻の下におやつを持ち，ゆっくりとあなたの方向へ誘導します。

この訓練ができるようになったら，徐々に距離を延ばしてみましょう。2フィート（約60cm）離れた所でも連続した音であなたの手が分かるなら，3フィート（約90cm）まで延ばしましょう。距離を延ばしていく間隔はゆっくりで構いません。

小型犬を飼うご家族によれば，しゃがんで姿勢を低くすることも効果的で，音が犬により届きやすいのだそうです。突発性後天性網膜変性症（SARD）の犬では，エストロゲン値の上昇により一時的な（永続しない）難聴になるなど，混乱してしまうことがしばしばあります。エストロゲンの産生が正常化すれば，訓練もより上達するかもしれません。

やがて犬はあなたの声に従って手の方向へ歩き，今度は手についてあなたの所へ来るようになるでしょう。あなたの所へ来たら必ずおやつを与えてください。犬が来るのが遅くても叱ったり，動揺させたりするのはやめましょう。事態を悪化させてしまいます。

第8章　失明した犬が身につける新しいスキル

あなたの犬が突然あなたを見失うなど，方向が分からなくなっているようであれば，あなたがちょっと長く距離を取りすぎたのかもしれません。犬に自信や理解力がつくまで短い距離からもう1度練習しましょう。やがてあなたの犬は，連続した音に向かって部屋の向こう端から来るようになるでしょう。

■「戻れ」の訓練──その4
次は，家の外で訓練してみましょう。これは犬にとって大きな違いです。あちこちでにおいや音がするため，犬はとても集中しにくくなります。

フェンスで囲った庭などの安全な場所で，腕の距離からおやつについて歩く訓練を，連続した音を使って行いましょう。外で連続した音が聞こえるようにするには，どの程度の声の大きさが必要なのか，分かるようになるでしょう。徐々に距離を延ばして訓練し，おやつを与えてほめ続けてください。家の中で訓練していた時と同じ成果を得るには，何度となく練習が必要ですが，これはおかしなことではありません。

犬の気が散ってしまいあなたの所まで来ない時は，犬の所へ歩いていきます(怖がらせたり，叱ったりしないでください)。鼻元におやつを持ってあなたの方向へ導いてきます。あなたの所まで来たらおやつを与えてほめてあげてください。

あなたが満足できるくらいに犬がこの訓練を学習したら，ごほうびを使ってランダムに練習させましょう。たとえば，庭で犬をあなたの所に呼び，来ることができたらごほうびを与えましょう。ドアのそばにはおやつの容器を置いておきましょう。耳の聞こえない犬のご家族は，振動を加えてこの訓練をすることを推奨しています。足を踏み鳴らしたり，振動する首輪を用いたりした訓練方法もあります(第14章「視覚障害と聴覚障害のある犬」を参照してください)。

■段差や階段の上り下り
失明した犬にとって，段差や階段は難題です。たいていのご家族は，階段は上るより下りる方が犬にとっては大変だと言います。次の段が本当にあるかどうかが分からないと犬は不安になってしまうからです。この訓練では，失明した犬は多少の恐怖を感じるかもしれないということを忘れないでください。辛抱強く見守っていましょう。

こういったスキルをしっかりと身につけるまでは，家や庭の階段には行かないように塞いでおきましょう。ダックスフンドや小型のトイ種では，眼が見えても見えなくても階段は避けた方が無難です。失明した犬を甘やかさないことは大切です

75

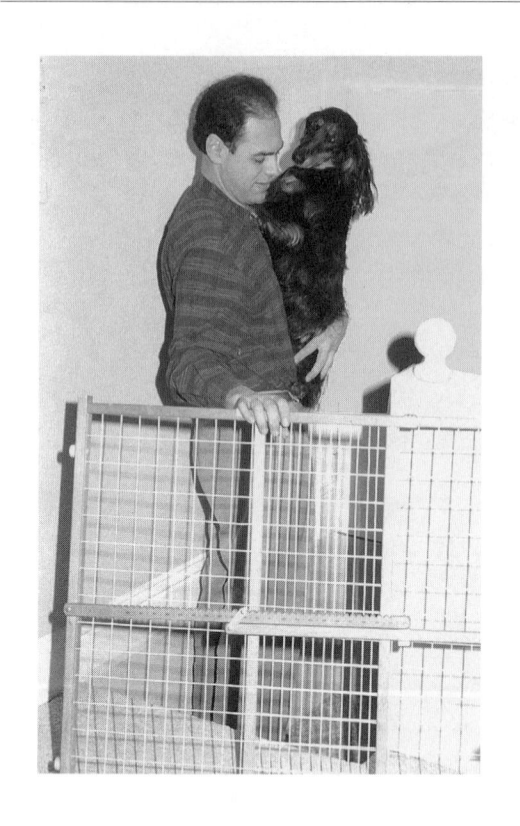

ヒトとは異なり，犬は認知写像能力と呼ばれるすぐれた知能を持っています。自分たちのなわばりのイメージを頭の中に描き続けることができるのです。このスキルは野生の犬やオオカミにはとても重要です。この能力があるからこそ，何kmもあるテリトリーの中で，自分たちのねぐらや隠しておいた獲物の残りを見つけることができるのです。

失明した犬の多くは，頭の中に自分のいる環境のとても詳細なイメージを構築します。このメンタルマップができるまでは，あなたが合図をしてあげることによって，失明した犬が動き回るのを手伝ってあげることができるでしょう。いったん犬が慣れたら，補助を減らしてもよいでしょう。

もしあなたの犬に少し視覚が残っているなら，いろいろなタイプのテープを使って階段に色をつけてみましょう。明るい色の階段なら，黒く光るテープを使いましょう。暗い色の階段にはマスキングテープを使いましょう。コントラストをはっきりさせれば，視力の低下した犬でも階段の高さが，犬によっては上り下りの際は抱っこをするか，スロープを使うように教えるのが現実的な場合もあります。

失明したボーダー・コリーの"アリー"。オリヴィア・ブラヴォーさん提供。

第 8 章　失明した犬が身につける新しいスキル

コントラストをはっきりさせるために，コンクリートの階段の端はペンキで塗られています。

が分かりやすくなります。完全に失明した犬には，新しいテープを使えばにおいを手がかりにすることができるかもしれません。においを新しくしておくため，練習の際には毎回テープを貼りかえましょう。

また，公共の場所で安心して使える号令を選びましょう。「ダウン（伏せ）」をすでに床に伏せる際の号令に使っている場合は，階段を下りる号令に「ダウン（下りる）」は使わないでください。「アップ（上がる）」や「カーブ（縁石）」，「ステップ（段差）」または「階段」なども便利な号令です。階段を上る時も下りる時も同じ号令で訓練するご家族もいますし，別の言葉で区別して訓練しているご家族もいます。

この訓練ではリードにつなぐ必要はありません。家の中の段の数が最も少ない場所を選びましょう。1 段のみの所からはじめるのがベストですが，階段の上でも下でも，立つのに十分な広さ

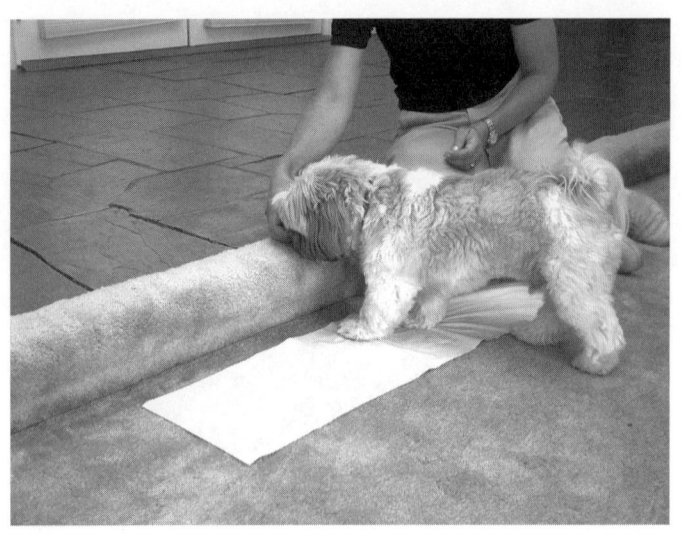

失明したシーズー犬の"レオ"。

のある場所を選びましょう。中には造園に使う枕木を用いたりするクリエイティブなご家庭もあります。やがて，2，3段の階段の訓練，さらには短い一続きの階段の訓練に必要になります。

■**段差や階段の訓練（上り）――その1**

訓練は上りからはじめましょう。上りは一般的により簡単で，犬に自信をつけてあげることができます。色のついたテープを垂直面（段の立ち上がりの面）の1番上に貼ります。

ごほうびのおやつを持って，段の下まで誘導し，段の上を手でたたいてください。犬の体高が高く，段の上に乗っているおやつを食べられそうなら，鼻を段の上に惹きつけ，おやつをそこに置きます。そこで「取れ」と号令をかけて食べさせます。食べ物が置いてある高さによって，段がどれだけ高いのかを把握することができます。

繰り返し練習したら，おやつを段の縁から少し離れた場所に置いてみましょう。1回につき2～3インチ（約5～7cm）ずつ徐々に離していきましょう。毎回，おやつのそばを手でたたいて，食べるように促してみましょう。

やがておやつは段の縁からどんどん離れて，段を上らなければ届かなくなってきます。段に飛び乗る際に号令を使いましょう。おやつをさらに数個与え，言葉で思い切りほめてあげましょう。小さい犬は補助が必要かもしれません。おやつを置くごとに彼の前肢を段上に持ち上げてください。

最終的には階段の上におやつがなくても号令に応じるようになります。これがまさに私たちが望んでいることですから，できるようになったら思い切り犬をほめてあげましょう。

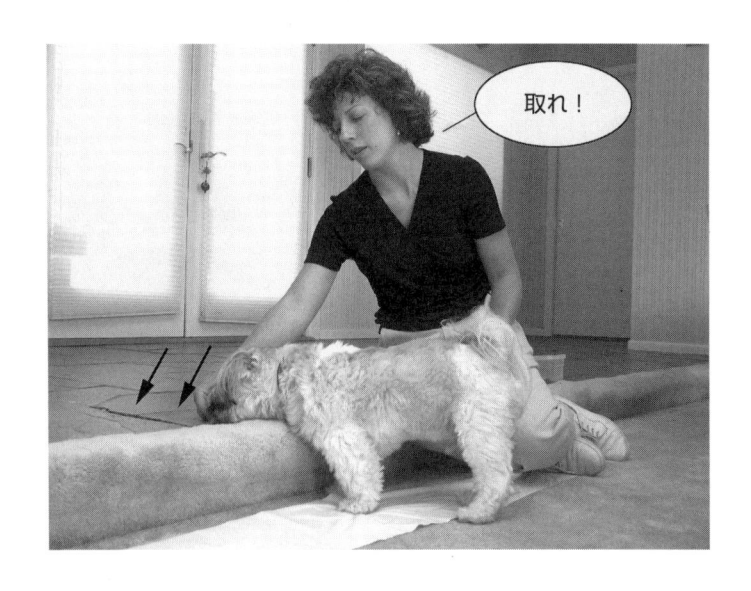

第 8 章　失明した犬が身につける新しいスキル

取れ！

ステップ！

よし"ステップ"！

■段差や階段の訓練（上り）──その2

2, 3段の階段で行いましょう。1段目をたたいておやつを食べさせます。次に号令をかけます。目標は前肢を段上に持っていくことです。飛び上がることはすでに学習しているので、ここでは彼を押さえて（胸にあなたの手を回して制止し、「待て」と言う）、残りの階段でつまずかないようにすることが必要かもしれません。

2段目の上におやつを置き、段を軽くたたき、食べるように促します。おやつを階段の縁から離れた所に移します。やがておやつに届くためには2段とも上らなくてはならなくなります。練習中は号令を繰り返しかけましょう。おやつを与えて思い切りほめてあげましょう。

これを何回か練習した後は、1段目に置くおやつを置かずに1段1段号令をかけます。1番上まで上ったらごほうびを与えてよくほめてあげます。ここまできたら、次は短い一続きの階段に挑戦です。

原理は全く同じです。目標は前肢を1つひとつの段上にしっかりと置くことです。できたら毎回ほめてあげてください。後肢は後からついてきます。もし問題が生じたら、前のレベルに戻り、何回か練習を行うか、数日訓練を休むようにしましょう。

■段差と階段の訓練（下り）──その1

はじめて階段の下りを訓練するには、上りの時よりも少し多くの辛抱とひらめきが必要かもしれません。階段を下りるのを怖がる犬もいます。崖を下りるように命令しているわけではないことを犬に信じさせなくてはなりません。顕著なストレスのサイン（パンティングや唸る、避けようとする）が見られる場合は、練習は少しずつ進めましょう。はじめは怖がるかもしれませんが、いったん克服してしまえばとてつもなく強い自信が芽生えるでしょう。

1段目の訓練の場所に戻りましょう。今回は色のついたテープを段の縁に水平方向に貼ります。

この新しい練習に備えるため、まず階段を上らせておきます。これで犬に1段の高さを把握させます。

おやつを使って鼻をテープの貼ってある所へ惹きつけます。おやつを段の縁に置き、食べさせましょう。これを何回か繰り返します。

第8章 失明した犬が身につける新しいスキル

取れ！

ステップ！

よし"ステップ"！

81

いくつかおやつを食べれば，犬はリラックスしはじめるでしょう。耳の後ろを掻いたり，胸をさすったりしてあげてください。小型犬や中型犬では胸の下に手を回し，前肢を地面から持ち上げて2～3インチ（約5～7cm）前へ移動させ，前肢を階段の下にそっと接地させます。接地させる時は号令をかけ，すばやくおやつを与えます。

この状態を維持できたらおやつで前方へ歩かせましょう。

■段差と階段の訓練（下り）――その2

前述した方法では嫌がる犬や，犬が大きすぎて持ち上げられない場合には，別の訓練法があります。階段からは離れて部屋の真ん中に移動しましょう。床に1枚のノートまたは新聞を敷きます。おやつで惹きつけながら，頭を紙の方へ下げさせましょう。紙の上におやつを置いてそれを食べさせます。これを繰り返しますが，今度は約6インチ（約15cm）の高さからおやつを落とし，探すよう促します。

おやつが落ちるとはっきりと音がするため，音とにおいのどちらかでおやつの場所が分かるはずです。分からない場合はもう1つおやつを使って鼻を紙に近づけます。

高さを徐々に上げながら，おやつを紙の上に落とし続けます。最後には犬の頭の高さから落としても，それを探し当てることができるようになるはずです。

犬に紙を踏ませて感触を分からせてあげましょう。おやつが落ちた所からそのまま動かないように，紙は必ずしわのないものを使ってください。問題があればアルミホイルやプラスチックのシートなどの他の素材で試しましょう。

さて，次は1段の段差を下りる訓練に戻りましょう。ウォーミングアップとして，犬を階段の

第 8 章　失明した犬が身につける新しいスキル

取れ！

よし"ステップ"！

上に飛び乗らせます。段の上で犬を待機させて，「待て」と声をかけ，紙を段の下に広げます。

おやつを手に持って，犬の頭を2～3インチ（約5～7cm）下げ，紙の上におやつを落とします。おやつが落ちた音と，頭の中の段のイメージ（ウォーミングアップ時に獲得）とが組み合わさり，犬は勇気を出して段を下り，おやつを食べることができます。

どうしてもうまくいかない時は，食事の直前の犬が最もお腹を空かせている時に練習してみましょう。おやつを紙に落とす練習を，階段の訓練とは別に続けましょう。そして階段を上る訓練も続けましょう。

訓練をする時は必ず穏やかでやさしい声で行ってください。決して押したり，不意に段を下りさせたりしないでください。失明した犬にこのスキルを教えるのは，容易なことではないのです。ゆっくりと上達するのが普通ですから，挑戦し続けてください。

犬がはじめて自分で段を下りることができたら，おやつを与えて思い切りほめてあげてください。そして，「何て勇気があっていい子なのでしょう！」などと言葉をかけてください。おやつを落として号令をかけたら，毎回必ず下りることができるようになるまで繰り返しましょう。

■段差と階段の訓練（下り）——その3

いったん号令で段差を下りられるようになったら，2，3段で階段に挑戦しましょう。2段を下りる訓練の工程は，2段を上る時とほぼ同様です。あなたの号令に応じて前肢を下の段に下ろしたら毎回ほめてあげることが目的です。

準備運動のため，犬に2，3段を上らせておきましょう。おやつを使って犬の向きを変えさせ，今度は下りるように促してみましょう。階段の1段1段に紙を置く必要があるかもしれません。犬がつまずいてしまったら押さえられるように，準備しておきましょう。

階段をただたたくだけでも合図として十分かもしれません。犬がこの訓練をリラックスして自信を持ってできるようになったら，次は短い一続きの階段に挑戦しましょう。1段1段下りたら必ずほめてあげてください。あなたの家のまわりにあるあらゆる階段で練習してみましょう。訓練における黄金の法則を忘れないでください。これは，新しい行動をしっかりと植えつけるためには，5通りの状況において，5回繰り返すことが必要だということです。

あるご家族は階段を単調に数えるそうです。階

段の数を上から「6，5，4，3，2，1！」というように順番に数えます。さらに上から音階を下げていきます。「3，2，1！」と聞こえたら，自分が最下段に来たのだと犬が気がつくことは，十分考えられますね。犬が床に降りるまで足を踏み鳴らすご家族もいます。

そうこうするうちに失明した犬のほとんどが階段をマスターできるようになります。あるご家族によると，彼女の犬ははじめは伏せて肢を伸ばし，次の段の感触を確かめていたそうです。また別のご家族によると，彼女の犬はひときわ大きな自信を得ることができ，今では最上段を前肢で感じると，残りの3段を一気に飛び越すのだそうです！

■ 階段に代わる方法
　階段の上り下りがとても困難な犬も時折います。怖がりだったり，健康上問題があったりする犬がこれに当たるでしょう。段差がとても急なこともあります。このような場合では他の方法を考えてみましょう。

　大型の老齢犬では，お腹の下にタオルを通してスリングのようにしてみましょう。布でできたログキャリア（暖炉用品店で入手できるタイプ）はハンドルがついており，同様に活用できるでしょう。市販のペット用スリングでもよいと思います。
　小型犬は抱えて運んでもよいでしょう。このような場合はいずれも，階段はベビーゲートで閉鎖しておくとよいでしょう。

　もう1つの方法はスロープを用いる方法です。スロープは肢の置き場所を意識しなくても進むことができるため，失明した犬にとってはより簡単です。老齢性の関節症を持つ犬の場合，スロープで肢への衝撃を減らすこともできます。

　腕のよい大工さんに協力をお願いしてつくってもらうか，市販の犬用スロープを購入しましょう。もしスロープが自分の下で崩れたりすると，犬は自信を失ってしまいます。滑り止めテープや，屋外用のカーペットで固定しておきましょう。さらに安全柵を取りつければ，スロープから脇へ落ちるのを防ぐこともできます。

■ スロープを用いた訓練
　おやつを使ってスロープの下まで犬を誘導します。ピーナッツバターやクリームチーズ，またはやわらかいフードを，スロープを上がるように塗りつけます。そのごほうびを順番に取るように促し，取るごとにほめてあげてください。スロープの位置を頭に描いて上り下りできるようになるには何回か練習が必要です。

失明した犬をリードでつないで散歩する方法
　リードにつながれて歩いた経験がほとんどない犬もいます。虐待を受けた経験があり，リードや首輪を怖がる犬もいます。しかし，練習による効果はとても絶大であり，どのような犬でもリードでつないで歩く訓練をしてみる価値があります。

リードをつける際に犬が寝転がってしまう場合は，リードをつける場所でおやつを用意しましょう。訓練用のおやつを犬の鼻先に置くと，おやつを食べようとして犬は起き上がるでしょう。そこで「立て」と声をかけます。起き上がらなければ「取れ」と言って立ち上がらせ，おやつを食べさせましょう。

　さて，これであなたもリードをつけることができるようになります。次の訓練用のおやつを持ち，犬がおやつを食べている間にリードを取りつけましょう。やがてリードをつけている間も安心していられるようになるでしょう。このおやつを使うことで，まっすぐ立っていればごほうびをもらえるということを学習できます。

　首輪を怖がる犬の場合は，犬が通ってにおいを嗅げる所に首輪を置いてみましょう。次に首輪をあなたの手に取ってにおいを嗅がせます。その際はすばやくおやつを与えましょう。

　首輪で犬の体に触れ，おやつを与えて訓練を進めます。続いて首輪を首に触れさせて，またごほうびを与えましょう。さらに首輪を首につけ，ま

たごほうびを与えます。留め金をはめる時にはパートナーが必要かもしれません。言葉でほめながら進めましょう。

　リードを怖がる場合は金具店でボルトスナップを購入し，短いひもに結びつけます。犬が少し重さを感じる程度の長さがあれば十分で，つまずいて転んでしまうような長さは必要ありません。訓練用タブ［4～6インチ（約10～15cm）の長さの短いリード］を購入してもよいかもしれません。

　前の説明を参考に，この小さいリードに犬を慣れさせ，首輪につけられるようにします。これをつけて数日家のまわりを歩いてみましょう。徐々にこのひもを長く，もしくは重くするか，ごく短いリードに変えていきます。ごほうびを与え，ほめながら行いましょう。首輪やリードは1日の終わりの寝る前に外すようにしましょう。

　短いリードがつけられるようになったら，リードの端を持っておやつを与えましょう。やさしく離し，次にリードをまた拾い上げ，2，3秒長めに持ちます。このことこそが習得させたい行動ですので，リードを持っている間は犬にごほうびを与えましょう。

　ここまでくると犬はたいていこの訓練に慣れ，しまいにはリードはさほど嫌なものではないことを認識します。首輪に力をかけずに，訓練用のおやつを鼻先に持って引き寄せましょう。

　これを続けながら，時々リードを引いて力をかけてみましょう。どのように力をかけても構いません（前方，後方など）。それよりも犬が引っ張られる力を感じても怖くないと認識することが大切です。ほめて犬を自由にし，次に普通の長さのリードに替えてみましょう。他のあらゆる訓練用器具も同じようにして犬に慣れさせるようにしま

しょう。

進め

　失明すると犬は散歩に出ることを嫌がるかもしれません。体の問題が原因となっていることもあります。SARDに罹患した犬は，おそらくエストロゲンの産生過剰によって日中，嗜眠状態となる場合があります。この症状はホルモン補充療法により最小限に抑えることができます。恐怖のあまり嫌がる犬もいます。しかし，「進め」を教えれば，これを和らげることができるでしょう。

■「進め」の訓練

　鼻の近くにおやつを持ちます。小型犬の場合はピーナッツバターを長い木製のスプーンにつけて試してみましょう。前方にゆっくり歩き，元気よく声をかけます。彼が歩いたら「進め！」と言いましょう。おやつをそっと噛ませたり，なめさせたりしてもよいのですが，彼が4，5歩歩くまでは与えないでください。

　「進め」の練習は，広く，平坦な場所で行えば犬はあなたを信じて訓練するようになるでしょう。信頼関係を築くことができたら，ペースを上げてみましょう。次に，誘導するためではなく，ごほ

うびとしておやつを使いましょう。ここでは鼻先におやつを持つのではなく，号令をかけて犬が数歩前進したらごほうびを与えます。号令に従わなかったら，前の訓練に戻りましょう。

パイプ製のリード

　失明した犬にリードをつないで歩く時は，少しの誘導で歩行の補助ができます。段差を上ったり下ったりするタイミングや，どうやって障害物を避けるかを知るためには手助けが必要です。これには，言葉による号令と触って合図することが必要です。

　触感や，手を当てて合図を送る方法としてベストなのは，犬を誘導する時に力を加えることです。これは通常のリードで行うのは難しいため，ちょっとした改良を加えることをお勧めします。1番に優先されるべきことは，リードが犬を動かすのに十分な強度を持つことです。

　犬を誘導する方法として簡便かつ低コストなのは，ポリ塩化ビニル製の配管用パイプを購入し，その中にリードを通す方法です。パイプの直径は

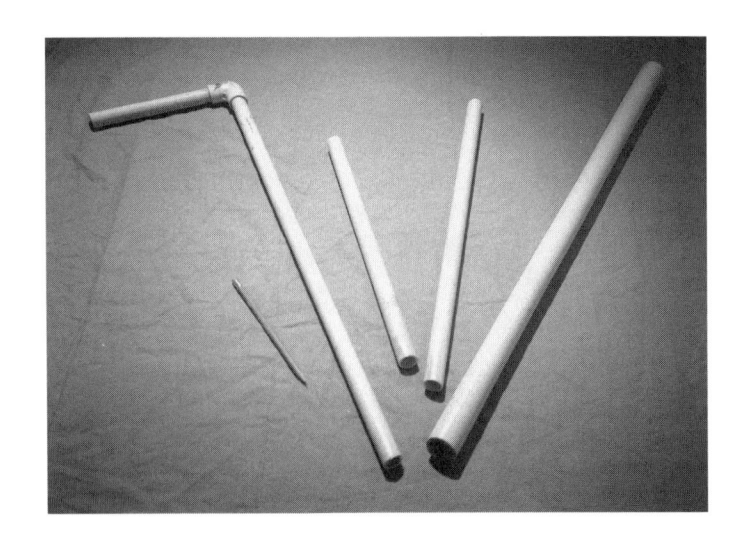

第 8 章　失明した犬が身につける新しいスキル

あなたが手で握れるくらいに小さく，かつリードを中に通せるものを選びます。ボルトスナップが大きすぎてパイプを通らなければ，リードの先端の持ち手側から通してみましょう。それも難しければ，細くて金具の小さいリードを購入しましょう。

パイプをあなたが楽に持ち運べる長さで切りましょう。異なる長さや直径のものをいくつかつくって試してみてください。曲がり管をつけたり，気泡ゴムでパイプの先端を巻いたりするなどの工夫を少しすれば，ハンドルのついたパイプができあがります。あるご家族は，何とアルミ製の歩行用ステッキにリードを通してつくったそうです。

この他には，棒状のリードをつくる方法もあります。木製のだぼと，安いリードを購入しましょう。留め金の部位を含めて 4 インチ（約 10 cm）くらいにリードを切り，これとだぼの端をテープでしっかりと巻きつけます。あなたの犬がエネルギー溢れた犬なら太いだぼを購入して，アイボルトをだぼの片方の端に留めます。またダブルエンドスナップも購入してアイボルトを犬の首輪に取りつけます。

犬を誘導するにはハーネスや太い首輪を使用しましょう。サイドに D 型リングのついたカート用のハーネスを使っている場合は，盲導犬に使うハーネスのように U 型のポリ塩化ビニル製のハ

89

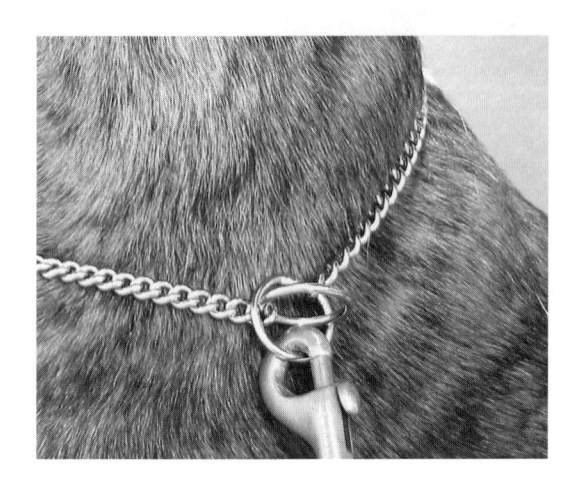

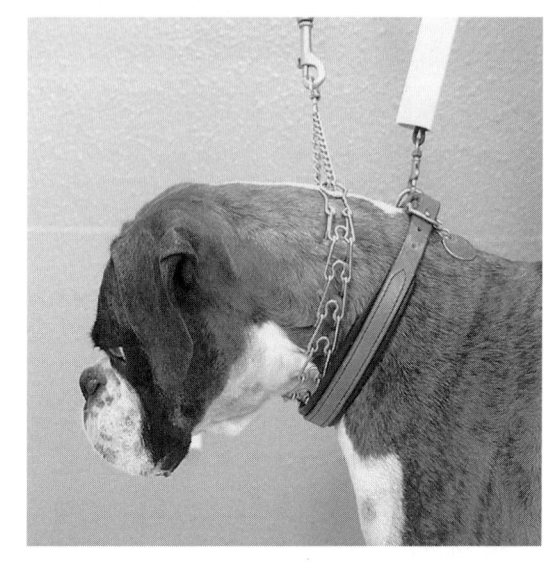

ンドルをつくりましょう。

　首を締めつけるスリップカラーやチョークチェーンは使用しないようにしましょう。これらは犬に方向を伝えることはできません。きつい首輪を，号令に従わない場合の矯正ととらえてしまう犬もいます。

　もしあなたが犬を制御できないなら，デッドリング（首輪をきつく締めることのないリング）にリードをつけてチョークチェーンを使用することも考えましょう。これにより，適切な力による合図を送りながら，かつ犬をコントロールすることができるでしょう。

　さらにコントロールが必要な場合は，もう1本別の首輪とリードをつけましょう。たとえば，バックル式の首輪で犬を誘導し，チョークチェーンや突起つきの首輪をコントロールに使用するなどです。このような2本のリードによる訓練は，犬が成長して「ゆっくり」の号令が理解できるようになれば，必要なくなるかもしれません。

　この2本のリードの方法でもコントロールすることができない場合は，散歩の前に運動をさせましょう。庭や家の中でゲームをして彼を疲れさせましょう。

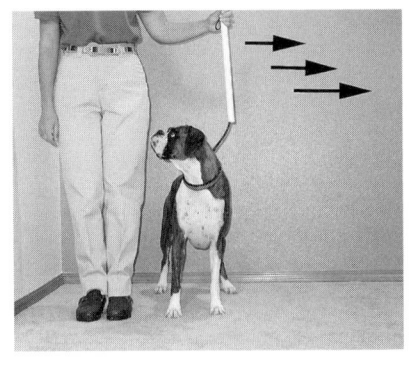

第8章　失明した犬が身につける新しいスキル

■方向の合図の訓練

　犬を左右に歩かせる訓練の際に使用する合図の言葉を新しく選びましょう。適当な言葉として「動け」や「こっち」「あっち」などがあります。1種類の言葉のみ使用し，方向の指示には力を加える合図を使用しているご家族もいます。

　右と左を示すのに別々の言葉を用いて訓練しているご家族もいます。あなたが後者を選ぶ場合は，犬ぞり操縦者が使う合図を使ってみましょう［訳者注：" Gee（ジー）"は右を意味し，"Haw（ホー）"は左を意味します］。または羊飼いの間で用いられる合図を使ってもよいでしょう［訳者注："Away（アウェイ）"は左を意味するのに用い，"Go By（ゴー・バイ）"は右を意味するのに用います］。

■方向を示す合図の訓練──その1

　はじめに，方向を示す合図を，あまり気が散ることのない家の中で教えてみましょう。犬が家の中で基本的なことを一通り覚えたら，次は外で訓練をしてみましょう。この訓練には辛抱が必要です。左右へ動くことは犬にとっては自然な行動ではないので，やさしく，少しでも左右に動くことができたらすぐにほめてあげましょう。

　散歩に行く時のように犬の横に立ちます。パイプ製のリードを犬の首輪やハーネスに取りつけ，犬があなたから離れるように3回力をかけます。犬があなたから一歩離れたら，合図をかけましょう。できたらただちにごほうびを与え，ほめてあげましょう。

　犬は反抗性反射を持っているため，力は短く一気にかけるべきです。この反射とは何らかの力が犬に加わっている時，その力を跳ね返す性質のことをいいます。あなたが犬に長く，一定の力を加えているなら，犬はあなたに向かって押し返してくるかもしれません。ですので，力をかける時間は短くしましょう。

■方向を示す合図の訓練──その2

　合図をしても犬が動かなければ，90°向きを変え，犬の体の側面を向きましょう。穏やかかつ注意深く犬に向かって近寄ってください（一歩犬に歩み寄りましょう）。

　この訓練の意図は，犬を怖がらせて動かすことではありません。犬があなたをリーダーと見なしていれば，あなたから離れて号令に従うでしょう。小型犬は特に人の足元には近づかないように気をつけています。犬が離れたら，合図をしてごほうびを与えましょう。

　首輪に軽く力をかけるだけで離れることができるまで，この訓練を繰り返します。1回のセッションでは1方向の訓練のみを行いましょう。

こっち！

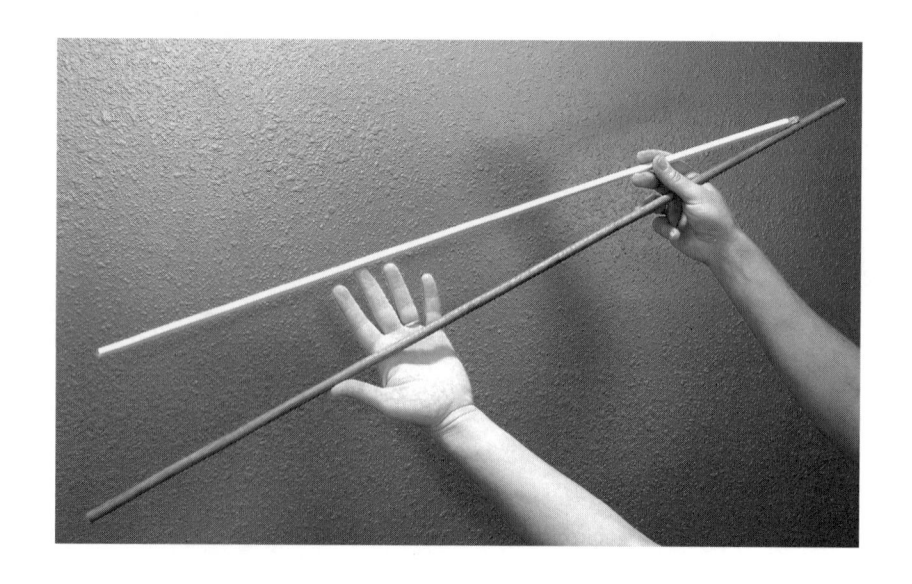

よし
"こっち"！

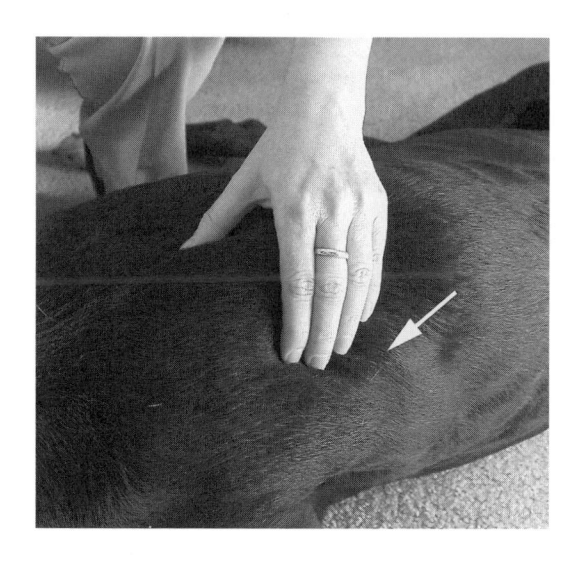

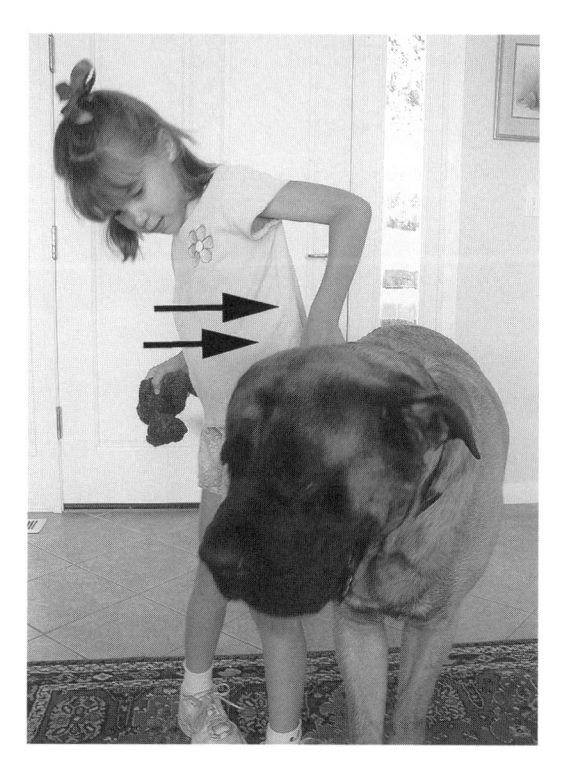

第8章　失明した犬が身につける新しいスキル

"よし
"ステップ"！"

■ **方向を示す合図の訓練——小型犬**

　もしあなたの犬が小型犬で、あなたの足の動きを怖がるようなら、訓練用の杖を用いて犬にやさしく力を加えてみましょう。細い木製のだぼや、ブラインドを閉じる時に使用するプラスチック製の棒、または伸縮性のポインターでも杖として使えるでしょう。

　杖は前肢だけでしか動かさない犬にとっても有用です。杖を使って後肢も動かさなくてはいけないことを教えます。

　もし犬が前肢だけで動いたとしても、とりあえずごほうびを与えましょう。さらに後躯を杖で軽くたたいて号令をかけ、手厚くほめてあげましょう。練習するにつれ、体の後躯、前駆の両方を一緒に動かすようになるでしょう。

93

■方向を示す合図の訓練——大型犬

　大型犬または超大型犬は、犬の側面に力をかけて（手で触れて）誘導します。ドアを通る時は手の平を犬の反対側の側面に当て、自分の方向に引き寄せているご家族もいます。また、犬の体の自分に近い側に手の平を当て、階段の上りでは毛皮を上へ持ち上げて方向を合図しているご家族もいます。大型犬の場合は、あなたに寄りかかることで方向の手がかりを得ることができ、これもあなたがどこへ行こうとしているのかを知るのに役立ちます。

■すべてをまとめた訓練

　これらのすべてを合わせた訓練の目的は、犬と歩き、必要に応じて彼を左右に誘導できるようになることです。そうなれば犬は、縁石を踏み外すことや、穴などの障害物を避けることができるでしょう。片方の眼に視覚があるなら、失明している方の眼があなた側になるように犬を歩かせましょう。あなたの足元からは離れるように誘導しましょう。

　常に注意を払い、地面の変化や危険が近づいていないかを見渡すのはあなたの仕事です。犬の顔に当たりそうな小枝や茂みにも気を配ってください。歩道の小さな割れ目などの小さな障害物であっても小型犬はつまずくことがあるため、気をつけてあげてください。あなたは今や彼の「盲導人」なのですから。

　中には、眼の不自由な人のために訓練された盲導犬から学ぼうとするご家族もいます！　段差のある所に来た時に、「ゆっくり」や「上れ」などの号令をかけるだけではなく、盲導犬がするようにご

第8章 失明した犬が身につける新しいスキル

犬にとって問題になりそうな障害物に常に注意しましょう。
(1) 電気ボックスのカバー，(2) 植え込みの枝，(3) 木や道路標識。

(1) 高低差，(2) 下水溝の格子，(3) 鋪道にある穴や割れ目。

自身が立ち止まるのです。犬は取り残されることなく，号令に応じる機会を得ることができます。

犬を横方向に誘導する時も同様です。犬が横に動いている間は，ゆっくり歩くか，立ち止まってください。犬は前へ進む動きをしていないため，あなたが歩き続けてしまうと取り残されてしまいます。

■追加の援助

あなたの犬が超大型犬だとしたら，リードなどつけずに歩きたいと思うことがあるでしょう。そういう場合は，丈夫なハンドルつきの素敵な革の首輪を入手してはいかがでしょうか。これならすばやく犬に合図を伝えることができます。動物病院などの狭い場所においては役立つでしょう。

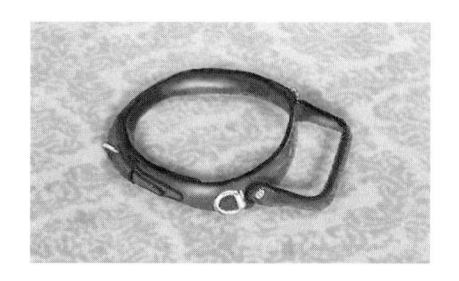

犬自身がリードでつないだ状態でも上手にやっているなら，長い綱や引き込み式のリードに替えてみてもよいかもしれません。長い綱は本来追跡用につくられたもので，綿やナイロンウェブまたはポリプロピレンのひもでできています。15～40フィート（約4.5～12 m）の長さで販売されています。

かつ短くして安全を確保することが可能になりました。プラスチックケースに収納されたこのリードは多くのご家族がご存知のもので，犬がハンドラーから離れるとリードが伸び，戻ると巻き戻ります。7〜32フィート（約2〜10m）の長さのものがあります。

「ゆっくり」や「落ち着け」を犬が散歩をねだる時には用います（多くの犬が興奮してくるくる回ったり障害物にぶつかったりしてしまいます）。号令をかける際は落ち着いた声で伝えましょう。

「ゆっくり」や「落ち着け」は，犬の動きが速すぎて，長いリードや引き込み式のリードが張りきってしまいそうな時にも使います。障害物にぶつかる危険がある時にもこれらの号令（または「待て」）を使ってください。ただし，長いリードや引き込み式のリードを使った訓練に進むのは，通常の長さのリードで方向の合図に応じることができることを確認してからにしましょう。

その他の基本的なスキル

失明した犬の飼い主さんは，犬の後躯をやさしく押すか，もしくは軽くたたいて「座れ」を教えま

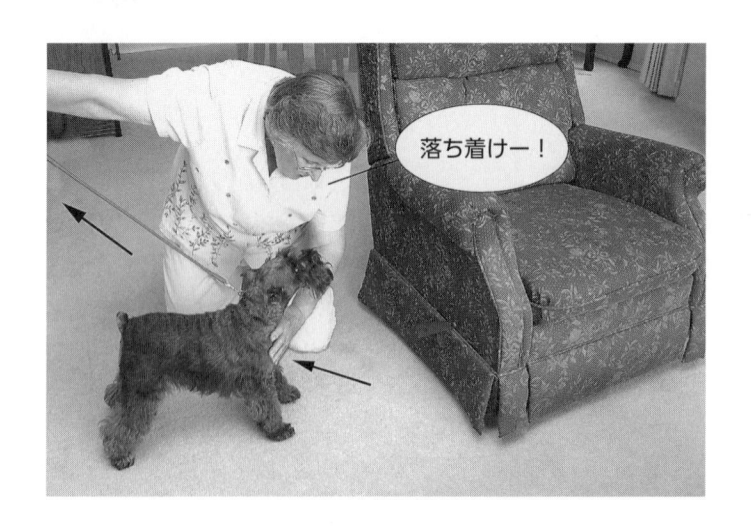

ポリプロプレンのひもは非常に軽量でさまざまな直径の製品を金物店で購入できます。しかし，肢を引っかけたり，摩擦が生じたりしてあなたも犬もやけどをしてしまうことがあるため，絡まないように気をつけてください。

引き込み式のリードが発案されたことで，長いリードでコントロールしながらも自由に歩かせ，

落ち着けー！

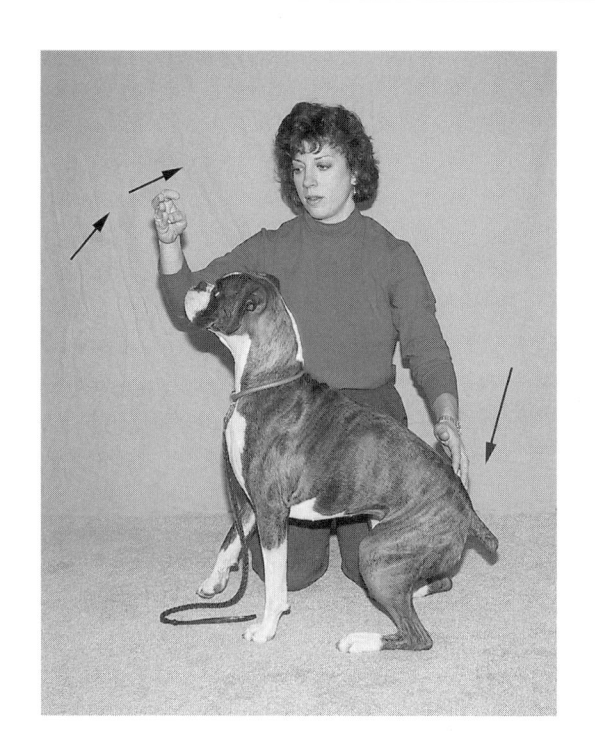

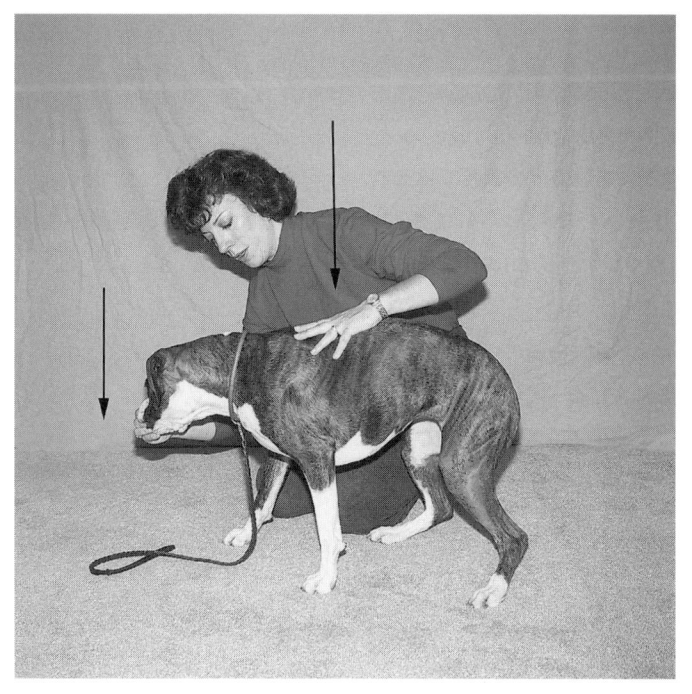

す。おやつで頭を後方に持っていき，犬が座る動作をしている時に「座れ」の号令をかけます。

「伏せ」はおやつで頭を地面に引きつけながら，犬の背中にあなたの腕を添えて軽く押し下げれば教えることができます。その際に「伏せ」と号令をかけましょう。「パピー，スィットダウン(座れ)」などというように2つのメッセージを1度に使

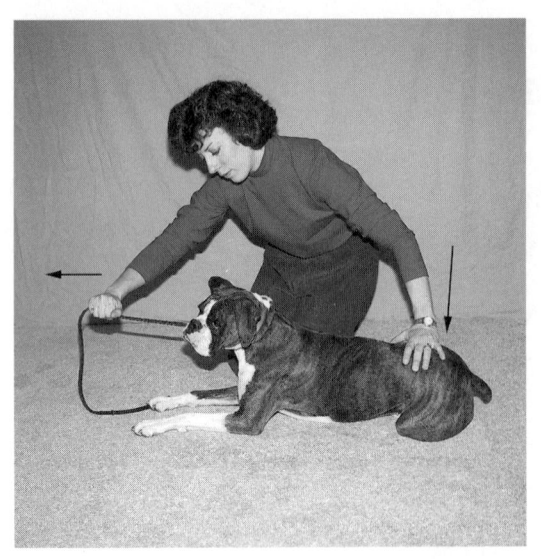

「座る」姿勢と「伏せ」の姿勢の両方で反抗性反射を試してみましょう。

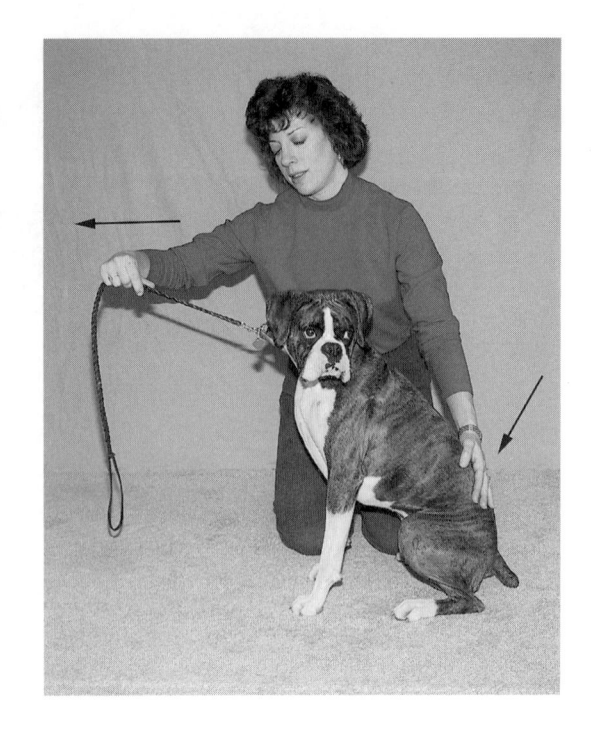

わないようにしましょう。訓練中やその後も時々ごほうびを与え，訓練を確実なものにしていきましょう（訳者注：「スィットダウン（座れ）」の「スィット」と「ダウン」は，英語圏における犬の訓練ではそれぞれが単独で1つの号令として用いられており，「スィット」は「座れ」，「ダウン」は「伏せ」の意味を持ちます。そのため，訓練している犬に対してこれらの2つの単語を一緒に発すると，2つの別のメッセージを送ることになり，犬を混乱させることになってしまいます。犬の訓練において使う号令は注意深く選び，使わなければいけないというのが著者の意図です）。

「じっと」はリードにつないで教えましょう。犬を「座る」または「伏せ」の姿勢にしておき，リードをやさしく引くと同時にあなたの手を犬の胸や背中に当てて押さえます。どちらの姿勢がじっとしていられるか試してみましょう。リードに一定の力をかけるとこれに対して反抗性反射が起こり，犬は力に対抗して自分のいる所にとどまろうとします。2，3秒後に「上手」とほめて自由にしてあげましょう。

リードを引く時間とあなたと犬の距離を，徐々に長くしてみましょう。犬が立ち上がりあなたの所に来てしまったら，また引く時間を短くして距離を縮めます。犬があなたの所に来ても罰を与えてはいけません。失明した犬は大きな分離不安を抱えていることを忘れてはいけません。目標はあなたの犬に自信をつけてあげることです。立ち上がってしまう場合は，単にストレスを感じているか，あなたの意図が理解できていないことを意味しています。

■点眼の仕方

「じっと」は犬に点眼する時にも役に立つスキルです。犬への点眼はいろいろな状況で必要になります。実際に点眼治療を実施する前から練習しておくと便利です。

犬がエリザベスコーンまたはエリザベスカラーを装着しているならば，処置する間は外しておきましょう。おやつを少しずつ齧らせ，齧っている間に後ろから近づきましょう。彼のすぐそばに寄

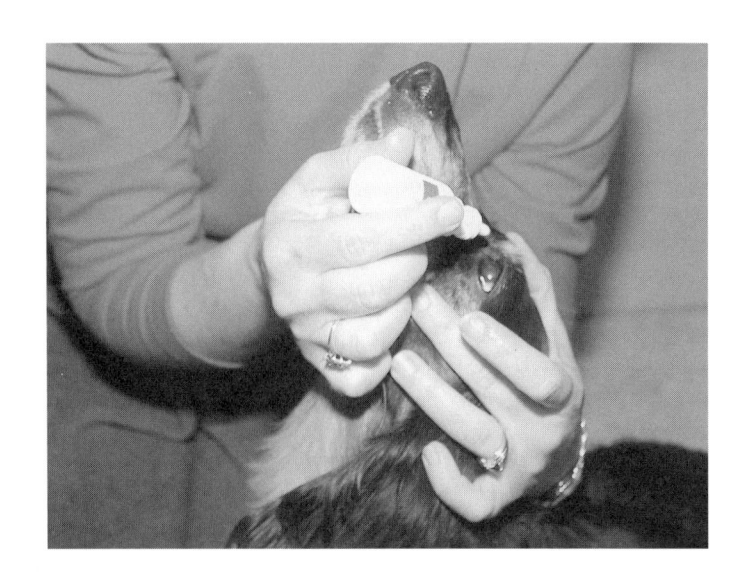

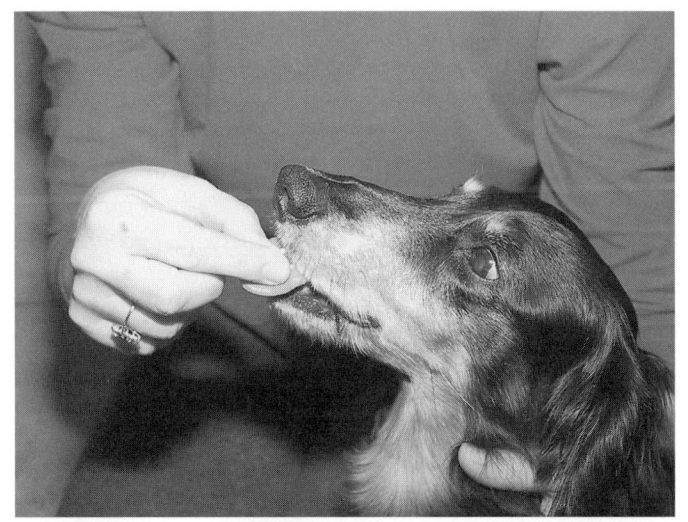

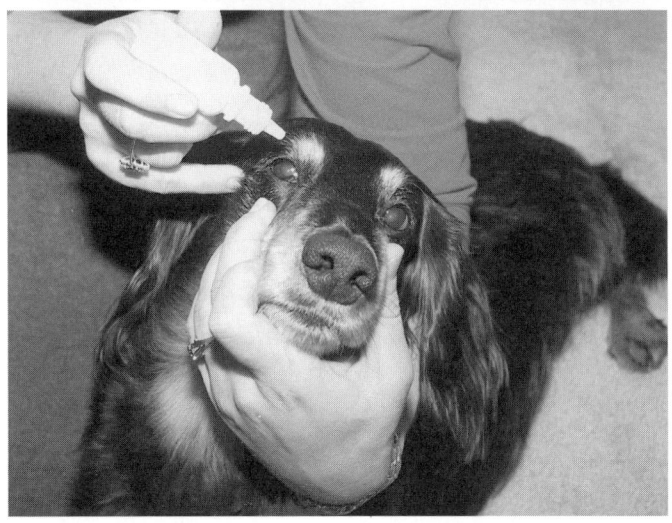

第 8 章　失明した犬が身につける新しいスキル

るか，可能であれば背中にまたがって押さえましょう。

頭と首をマッサージします。点眼びんをあなたの利き腕に持って近づき，頭を両手で固定します。マズルを少し上に傾けます。下まぶたをすばやく下へ引っ張り，点眼液を出すまねをします（訳者注：上まぶたを上へ引っ張る方法もよいでしょう）。

訓練を止めておやつを与えるか，あるいはそのまま続けます。手を犬の顔のもう片方に持っていき，もう一方の眼で繰り返します。とても活発な犬の場合はすばやく行いましょう。背中にまたがって行う場合は，両足でしっかり押さえましょう。

安心させるような言葉をかけることも効果的かもしれません。

ローテーブルの上や椅子の上など，犬の顔のそばにおやつを置いておくご家族や，ご家族の他の方にそばで持っていてもらうご家庭もあります。最後の選択肢としては，少しおかしな方法かもしれませんが，少量のピーナッツバターまたはクリームチーズを冷蔵庫のドアに塗りつけます。犬の気を散らすと同時に，頭を上に向けておくことができます。

その他の点眼法としては，犬を横にする方法もあります。眼がとても平らな面に置かれるため，眼をつむったとしても点眼液は眼の表面に落ち，瞼を開ければ眼に入ります。もちろん，両眼ともに点眼が必要ならば，左右それぞれ1回ずつ計2回保定することが必要です。おやつを使って保定しましょう。「こっち」などの号令で方向を示しましょう。

きちんと姿勢を取れたら毎回ほめてあげましょう。点眼後，犬が顔を引っ掻いてしまうようなら，あなたの手を眼にそっとかぶせておいてください。

注：点眼薬は室温下の方がより刺激が少なくなります。冷蔵庫で保管する眼薬の場合，点眼前に点眼びんを数分手で握って温めてください。

■訓練中のみなさんへ

あなたの生活環境や暮らし方に応じて，あなたの犬が身につけるべきスキルがこれからも出てくるでしょう。犬用のドアの通り方や，車への飛び乗り方，動物病院での扱い方などがその例です。これらの多くはこの先の章でお話しします。

この本に載っていないスキルを教えなくてはならない時は，第7章，第8章で概説した考え方を参考にしてみてください。犬の訓練における成功のカギは，それぞれのスキルを行動別に細かく断片化することです。犬が身につけて欲しい行動を取った時には確実にほめてください。新しく教えたい行動には名前をつけて，それを一貫して使いましょう。

断片化した1つの行動ができるようになったら，次の行動にもトライしてみましょう。やがてあなたが教えた行動はつながって，これが1つの新たなスキルになっていくでしょう。

第9章　家の中をマスターする

　失明しても，身の回りについてとても優れたメンタルマップを描ける犬はたくさんいます。メンタルマップができるまでは，犬が新しい環境に適応するのを助けるために，あなたができることもあります。

　犬が新しい環境に適応できたら，この後に説明する訓練の補助はほとんど不要になるでしょう。

危険を最小限にする

　家の中をよく見てください。犬にとって危険になりそうなもの，たとえば犬がつまずいて転びそうなもの，ぶつかって倒してしまいそうなものはありませんか？　使ったおもちゃは片づけるよう子どもたちに注意をしましょう。テーブルにぶつかるようなら，ぶつかった衝撃で犬の上に落ちてしまいそうなガラス製品などを片づけましょう。

照明

　照明が視力の助けになることがあります。夜盲の犬の場合は特にそうです。より白く明るい光で照らすハロゲン電球はお勧めです。玄関や廊下，ドッグランなどの犬がよく出入りする所では，明かりをつけたままにしておきましょう。犬が犬用のドアを通って自由に外に出られる場合は，明るい照明は特に効果があります。

　視力の低い人間の患者さんは，明るい照明はよい効果をもたらす反面，まぶしさの問題があり，バランスが微妙だと言います。白内障の患者さんなど，ケースによっては，まぶしさが明るい照明の効果を打ち消してしまうこともあります。あなたの飼い犬にとって何が最善なのか，いろいろな照明を試してみてください。ただし，進行性の視覚喪失性疾患を患っている場合は，明るい照明がもはや助けにならなくなる段階がしばしばおとずれるでしょう。

コントラストを用いる

　ここで言うコントラストとは，犬にとって重要な所に黒と白で指標をつけることです。犬にわずかでも視力が残っている場合は，こうした指標は

生涯にわたり役に立つでしょう。

　階段・踏み段の訓練をしている飼い主さんであれば，段の縁にコントラストテープを貼って指標とすることについてはもうお分かりですね。壁の隅やドア枠など，飼い犬にとって問題となりそうな所も，コントラストテープで指標をつけてあげましょう。

　指標をつけたら犬をよく観察してください。犬が指標に近づいたら「ゆっくり」の号令をかけます。壁をこつこつ手で軽くたたいてもよいでしょう。犬に視力が残っているのであれば，コントラストのはっきりした指標が見えたらペースを落とすのだということを理解するようになるでしょう。

　この他にも次のようなものはコントラストがはっきりした指標をつけるとよいでしょう。
- フードボウルや水の容器
- ベッドやその他の犬が安心できる場所
- 犬用のドアの前に置いたマット
- 階段や踏み段などのステップの前に置いたマット

香りによる指標

　香りによる指標は眼の不自由な犬，特に完全に失明している犬には非常に有効です。これは犬の優れた嗅覚をうまく利用するものです。犬の嗅覚がどの程度なのかについて，専門家の意見は著しく異なります。しかし，少なくとも人間の嗅覚よりもはるかに優れていることは間違いないでしょう。

　香りには2通りの使い道があります。犬が家の中の重要な場所を見つけるのに役立ちますし，障害を避けるのにも役立ちます。最初にあなたの家ではどのような香りが好ましいかを決めましょう。ご家族の誰かにアレルギーがある場合，香りの選択は特に重要です。

　最も長持ちするのはオイルベースの香りです。高品質の香水（水が主成分のコロンではなく）やポプリに使う香りのあるオイルなどです。入浴用品店，クラフトショップ，美容雑貨店などで手に入ります。

　エッセンシャルオイルとも言われる香りのある

第9章　家の中をマスターする

オイルには，フローラル系，柑橘系，ハーブ系，樹木系（パイン，サイプレス，ジュニパーなど）など，さまざまな種類があります。柑橘系のものは，アレルギーに苦しむ人にもあまり気にならないようです。てんかんのある犬の場合はローズマリーとパインは避けましょう。

オイルベースのものは，毎週あるいは2週間ごとに塗布することが必要です。飼い犬に家の中のメンタルマップができたと思われたら，それ以降の塗布は不要でしょう。

その他に芳香剤，デオドラント化粧品，家具用の艶出し剤なども使えます。これらはエアゾールスプレー缶で売られています。芳香剤はキャンドル，ポットなどの小さな容器につめられたものもあります。低いテーブルの角などに置くとよいでしょう。バニラエッセンス，アーモンドエッセンスなど，キッチンにあるものを利用してもよいでしょう。

犬にとって重要な所に香りの指標をつけましょう。犬が安心して過ごせる場所，水の容器のまわり，庭に通じるドアなどです。それぞれに別の香りをつけて指標にしてあげましょう。飼い犬がメンタルマップをつくるのに大きな助けとなるでしょう。

直接香りをつけたくないものには，フローリングの傷防止用として使われるフェルトシールなどにオイルをしみこませて貼りましょう。香りつきのデンタルフロスを結びつけてもよいかもしれません。

もし飼い犬がドア枠やコーヒーテーブルなど，特定の障害物に繰り返しぶつかるようでしたら，その障害物にもう1つ別の香りをつけてもよいでしょう。ただし，あまりいろいろな香りがあると犬が混乱してしまうので，3～5カ所ぐらいの本当に重要な場所を選ぶようにしてください。また，香りは控えめに塗布してください。あまり強い香りでは犬が困惑してしまうと考えられています。

■犬に香りの指標を理解させる

香りを指標とする場合，訓練はほとんど必要ないか，必要な場合もほんの少しの訓練ですむことがほとんどです。犬はすぐに特定の香りと特定の

ものとを関連づけられるようになります。あなたの犬が，香りの指標があるにも関わらず家具などに繰り返しぶつかる場合は，障害となっているものに犬が近づいていく時に「ゆっくり」の号令を出して練習してください。

障害となっているものに犬が近づく時に，その障害物を手で軽くたたき，号令を出してください。犬がペースを落としたらごほうびをあげましょう。犬は香りとペースを落とすことを関連づけることができるようになるはずです。

触覚・聴覚による指標

触覚あるいは聴覚を指標にして犬に必要な情報を理解させることもできます。違った音や四肢の触感を利用するのです。非常に不安定な犬の場合，触覚・聴覚の利用は有益でしょう。

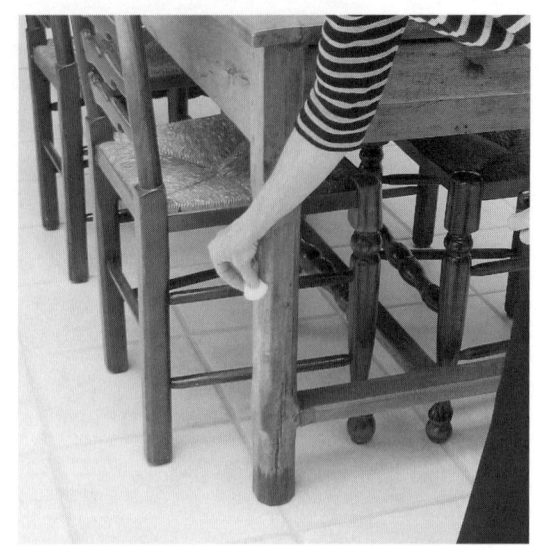

家の中の犬にとって重要な所に犬用の通路をつくってあげることも，飼い犬が場所を覚えるのを助けます。フードボウル，安心できる場所，あるいはドアに向かう専用の通路をつくるのです。カーペットの床ならプラスチックかゴムのランナー**（訳者注：細長いカーペットやテーブルクロス）** を，木材，タイル，リノリウムの床ならカーペットランナーを敷くとよいでしょう。重要なのは床の他の部分との違いを明確にすることです。ランナーが敷いてある所を歩くと床の他の部分とは違った音や感触を覚え，それが指標となるのです。

カーペット店，ホームセンター，工具店などでいろいろな種類のカーペットランナーが売られています。小型犬の場合は幅が半分になるようにカットするとよいでしょう。そうすることで費用も抑えられます。事故が起きないようにランナーの縁はテープでとめましょう。

第9章　家の中をマスターする

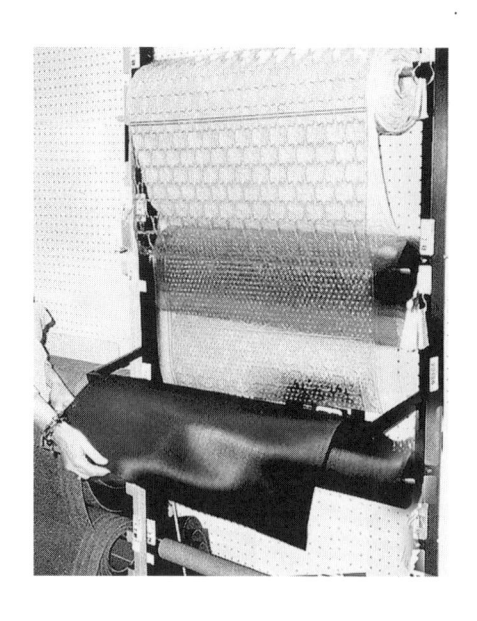

■犬に通路を理解させる

中にはプラスチックの上を歩くのを嫌がる犬もいます。通路の上にトレーニング用のトリーツを置いて食べるように促しましょう。ランナーの上でトリーツを躊躇なく食べられるようになったら，何のために敷かれたランナーなのかを教えます。

飼い犬のフードボウルの所まで，ランナーで通路をつくってあげましょう。食事の時はフードボウルを犬の鼻の下で持ち，犬が通路を通って食事の場所まで行くように誘導しましょう。

犬が食事を終えたら，トリーツを使って犬が通路を歩いて庭に出るドアまで行けるように誘導します。「外に出る？」などと声をかけてあげるのもよいでしょう（**訳者注：トイレのために外に出すこと。著者の住むアメリカでは庭でトイレをさせるのが一般的**）。ドアまでたどり着けたらごほうびのトリーツをあげましょう。外に出たがっているように見える時は毎回これを繰り返してください。

夕方，いつも犬がリラックスする時間になったら，犬用につくった通路を通ってベッドなどの安心できる場所まで行けるよう誘導してあげましょう。そのための言葉がまだなかったら，新しい言葉を考えましょう。犬が通路からそれてしまうようなら，鼻の下のトリーツで元に戻し，通路を通ってベッドまで行けるように誘導してあげましょう。目的の所まで行けたら，決めた言葉でほめながら，ごほうびのトリーツをあげましょう。犬がベッドにとどまる必要はありません。ここでの目標は，どうやってベッドまで行くのかを教えることです。

犬用の通路に香りの指標を組み合わせ，ベッドやフードボウル，ドアなどに香りをつけてもよいでしょう。ベッドにつけた香りと同じ香りをベッドまでの通路に，ドアにつけた香りと同じ香りをドアまでの通路にというように，通路の所々に目的の場所につけた香りの指標をつけるのです。

最終的には，不安がっている犬でも，こうした通路をたどって家の中を動き回れるようになります。犬がそれぞれのルートを覚えられたら，ランナーを取り去ってもよいでしょう。ランナーを外す場合，香りの指標はしばらく残してあげましょう。両方を1度に取ってしまうと犬が混乱して

失明したミニチュア・シュナウザーの
"カーライル"。アンジェレ・フェアチャイルドさん提供。

なら，カーペットランナーは他にもよいことがあります。すべすべした床の上に敷いてあげれば，より安全で歩きやすくなります。そういう場合，ランナーは敷いたままにしておきましょう。あちこち動きまわりやすい状態を維持してあげることで，心理的にもプラスの効果があります。

しまうかもしれません。

あなたの犬がすでに年をとっている場合，または SARD に罹患していて後肢が弱っているよう

犬用の通路をつくるバリエーションで，問題のある所にドアマットやカーペットの切れ端を置いて指標とすることもできます。段差のある所や階段の前に置けば犬に注意を促すことができます。

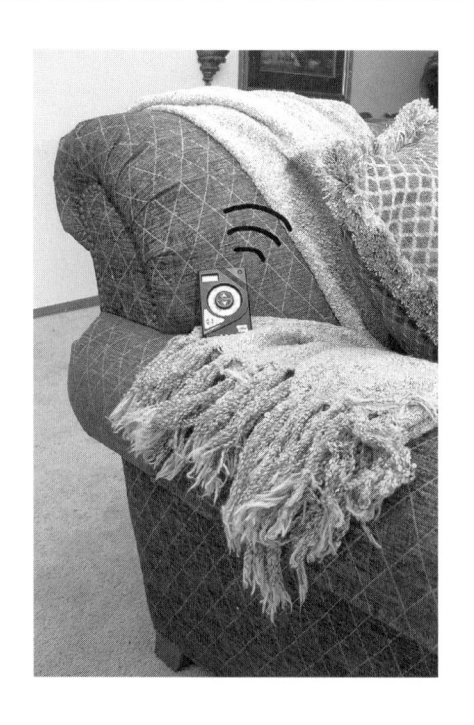

フードボウルの所に敷いて場所を教えることもできます。ある飼い主さんは，自分の犬は，マットに4本の肢がすべて乗ったらごはんを食べるのに正しい位置に来たと分かるのだと報告してくれました。フードボウルを置く時に床にこすりつけて音を出してあげれば，犬にとってより分かりやすくなりますね。

■聴覚を利用したその他の合図

聴覚を利用したその他の合図にビーパー（**訳者注：ポケットベルのようなもの**）があります。ビジネスマンがよく使う呼び出しのためのビーパーではなく，電池式で規則正しいビープ音を出すとても小さなディスクです。眼の不自由な人向けにつくられたもので，いろいろな装置に組み込まれています。

ビーパーはいろいろな用途に使えます。ビーパーを使って眼の不自由な犬がおもちゃや水の容器，犬用のドアなどを見つけるのを助けることができるのです。楽器店で手に入る，電池で動かすメトロノームも，同じ目的で利用できます。

ビーパーは眼の不自由な犬がドア枠，コーヒーテーブル，新しい家具などの障害物を避ける助けになります。モーションセンサーつきで，犬にペースを落とさせるための警告メッセージをあなたが録音できるものもあります。でも，気をつけてくださいね。ビーパーが発する音を避けるように最初に教えたら，後に同じようなビープ音がするおもちゃを犬に見つけさせたい時に，訓練をし直す必要があるでしょう。

犬の首輪につけられるビーパーもあり，犬が方向感覚をなくして混乱してしまった時や迷子になってしまった時に，あなたが犬を見つけるのにも役立ちます。このようなビーパーは口笛やリモコンで作動させることができます。

小型犬を抱き上げて別の場所に動かす時は，抱く前に聴覚や触覚を使った合図を出してあげましょう。「上がるよ！」などの言葉をかけて，高く上がるのだということ（もう床の上にはいない）を犬に教えてあげます。抱き上げる時は，ソファを軽くたたいたり，犬の手をソファに触れさせてあ

これまでの犬の通り道に障害となるものを置いた場合は，犬がよけて通れるように犬に指標を与えましょう。

げましょう。

　犬がケガをしないよう，新しい場所の名前を口に出して言いましょう。たとえば，犬を診察台やグルーミングテーブルの上に置く時には「テーブルトップ」と言います。台の縁を犬が感じられるように，テーブルの縁にそって犬の手をすべらせてあげましょう。もし犬が自分はまだ床の上にいると思っていたりしたら，知らずにテーブルの外に歩き出してしまうかもしれません。

　最後に，外出する時はラジオかテレビをつけたままにしておくことを考えてください。あなたがいる時にもつけているラジオやテレビであれば，犬が見当識を保つのに役立ちます。これは認識能力に変化が起こっている（思考力・記憶力が低下

第9章　家の中をマスターする

> 落ち着けー

してきている）犬の場合，とても重要です。

家具の配置

失明した犬の飼い主さんは，一般的に家具の配置を変えないようにと言われます。これは犬がメンタルマップをつくるのに役に立つアドバイスではありますが，新しい家具を置くことや新しい家に引っ越すことを決してしてはいけないということではありません。環境を変える場合は，できるだけ多くの合図を与えればよいのです。

たとえば，新しい椅子を部屋に置いたら，椅子のそれぞれの角に香りの指標をつけましょう。これは犬にとって3次元の情報になります。犬が場所を覚えるまで椅子の上にビーパーを置いてもよいでしょう。触覚による指標も役に立ちます。椅子のまわりにカーペットマット，新聞紙などを敷きましょう。

リードをつけて犬を新しい家具の所に連れて行きましょう。犬が部屋に入る時は今までどおりにさせてあげます。椅子に近づきながら「ゆっくり」の号令を出してください。ここでは素早く動きまわる習慣がすでにできているでしょうから，リードを軽く引いて犬の首に軽く力をかけることが必要かもしれません。この練習は何度か繰り返す必要があるでしょう。

時には犬のために家具に工夫を凝らすことも効果的です。あなたの犬が小型犬で，ダイニングルームに置かれた椅子の脚に毛を絡めてしまって混乱してしまうなら，家具の脚を布か透明なプラスチックのラップで覆いましょう。カウチのそば，車に乗り降りする時のドアの前などには踏み台を置いて，動きを助けてあげましょう。

家具を動かすことこそが犬にとって最善だということもあります。犬があなたのベッドで一緒に寝ていて，夜寝ている間にベッドから落ちる心配があるのなら，ベッドを壁に寄せ，犬を壁側で寝かせましょう。ベッドカバーの下，ベッドの縁あたりにいくつか枕を置いてもよいでしょう。

この写真に写っている肢乗せ台は籐のチェストにバスマットをかぶせたものです。

厚めの発泡スチロールをノリでつけて軽量の踏み段にすることができます。発泡スチロールはホームセンターで手に入ります。
ゴールデン・レトリバーズ・イン・サイバースペースさん提供。

　もし犬が繰り返し特定の壁や家具にぶつかるようなら、犬の方向感覚が改善されるまでケガをしないように注意してあげてください。最近は発泡スチロール製やプラスチック製などのいろいろなパッキング材が市販されていますが、その1つにパイプ断熱材があります。チューブ状の発泡材で、ホームセンターや配管用具店で手に入ります。これは、壁やテーブルの角に緩衝材として使えます。エア・クッション、キルトの中綿、ベビーベッド用パッド、両面テープなども、突き出た角に当て物として使うのに役に立ちます。

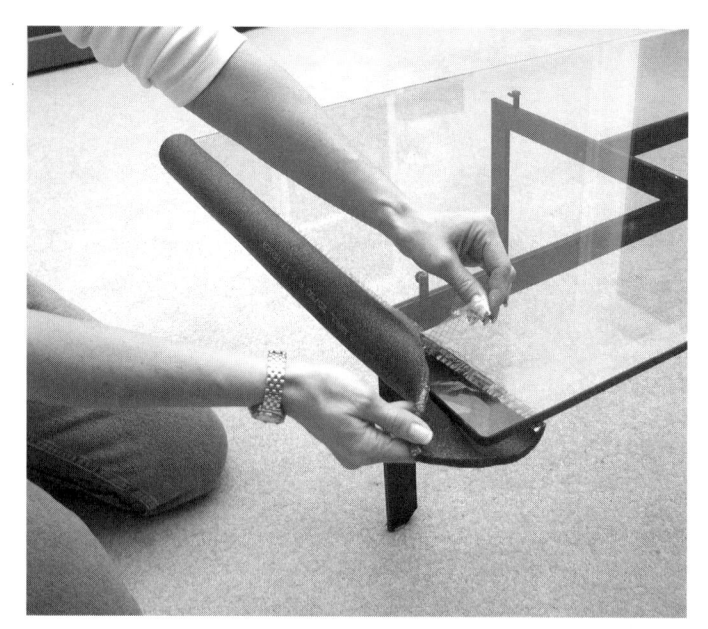

転居

　転居は犬にとってストレスになりますが，犬が環境に適応するのを助けてあげることはできます。まずは今住んでいる家で犬にとって重要な場所（庭へのドア，フードボウル，犬のベッドなど）に指標をつけましょう。すでに十分適応できている場合も同様です。それぞれに違った香りの指標をつけてください。

　転居後，新しい家でフードボウル，ベッドに同じ香りの指標をつけます。庭へのドアにも同様に，それまでの家のドアにつけていた香りの指標をつけます。転居前の数週間，ビーパーやラジオ

を庭へのドアの所に置いてもよいでしょう。その場合は，転居後，新しい家のドアにも同じものを置きます。

　新しい家では，まずはリードをつけて犬を案内しましょう。1部屋ずつ探検させてあげます。まず小さな部屋からはじめて，そこに慣れるまでは，その他の部屋には行かせないようにしましょう。このように少しずつ慣らすには時間も労力も必要ですが，そうすることで犬のストレスを軽減できるのです。

　梱包する時は犬のベッド，ドッグフードや水の容器，犬のおもちゃなどをすぐに分かる箱に入れ，転居後最初に出しましょう。箱の間に歩ける通路を残しておき，犬がレイアウトを少しずつ学習しはじめるのを助けてあげましょう。慣れるまではカーペットの犬用の通路が役に立ちます。犬を見ていられない時は，クレートまたはいずれかの部屋に入れておきましょう。

> **注**：犬を置いたまま家をあけなければならない時は，犬のためにどのような対処が必要かを考えてください。多くの場合，ドッグシッターに家に来てもらうのがベストです。犬用のホテルは騒々しく，犬が混乱してしまうでしょう。ドッグシッターは泊まり込みで見てくれることもありますし，時間単位で見に来てくれることもあります。ご親戚や友達にドッグシッターになってくれる人がいない場合は，かかりつけの獣医師に連絡して紹介してもらいましょう。動物病院でドッグシッターサービスを提供してくれる場合もあります。

身体的・物理的サポート

　犬を実際に押さえることもサポートの1つです。中にはものに突進してしまう犬もいます。ソファから飛び降りたり，車に飛び乗ったりするのに誤った距離感を持ってしまったら，ケガをしてしまうこともあるでしょう。犬を押さえることで

ケガを防げるのです。犬のボディランゲージに注意して，動きを予測できるようになりましょう。

犬がソファから飛び降りようとしていたら，「待て」の号令を出し，胸あるいは首輪に手を当てて動きを抑えましょう。小型犬ならこのタイミングで抱き上げてあげます。もし犬がソファに飛び乗ろうとしていたら，音で合図をします。指をパチンと鳴らしてもよいですし，シートのクッションをたたいてもよいでしょう。犬にとってはどのくらいジャンプしなければいけないのかのヒントになります。その後で「オーケー」または「ジャンプ」の号令を出してあげます。うまくいかない時は，片方あるいは両方の前肢を持ち上げて必要な高さを教えてあげ，もう1度やってみましょう。

犬が車から，またはグルーミングテーブルから飛び降りそうな時も，手で抑えてあげましょう。片方の手を胸の下に，もう片方の手と腕を腰の下にそえ，「オーケー」の号令で飛び降りさせましょう。飛び降りる時も犬をガイドしてあげます。実際に抱いて降ろしてあげる必要はありませんが，少しサポートしてあげましょう。

香り，触覚や聴覚を利用した指標を組み合わせることで，あなたの犬は家のメンタルマップをつくりはじめます。メンタルマップができたなと思ったら，指標のいくつかは取り除いても大丈夫でしょう。もしそれで犬が混乱したり，ストレスを感じているように見えたら，もう1度香りの指標をつけましょう。新たに触覚や聴覚を利用した指標をつけてもよいでしょう。進歩したと思った直後に多少後退してしまうのは決して珍しいことではありません。

第10章 庭をマスターする

　庭でも家の中と同じようにうまく動き回れるように，あなたが手伝ってあげることができます。ただし，外ではケガをするリスクが高まるという意味で，家の中とは異なることもあります。庭には突き出た枝もあるでしょうし，天気が非常に悪いこともあります。地面も平らではないでしょう。しかし，いくつかの合図を追加することで，ケガを防ぎつつ庭での時間を楽しめるように，手伝ってあげることができるのです。

フェンス

　庭はフェンスで完全に囲わなければなりません。これは，犬が自由に外に出られる場合は特に重要です。「見えない」フェンスとも言われる電子制御のフェンス**（訳者注：犬が設定された境界線に近づくと首輪から警告音や弱い電流を流して犬をコントロールする仕組み）**は，失明した犬には不適切です。理由はいくつかあります。まず，失明した犬は方向感覚を失いがちです。そうなると非常に混乱して，電気ショックを受けても境界線を越えてしまうかもしれません。また，このタイプのフェンスでは，攻撃的な犬が外からあなたの家の庭に入り込むのを防ぐことはできません。

　金属製か木製のフェンスなら，いくつかよいことがあります。実体のあるフェンスであれば熱や音を反射し，失明した犬にとってはそれが指標になります。あなたの犬がフェンスに突進する傾向がある場合は，地面に触覚を利用した指標を追加するとよいでしょう。フェンスに沿って，幅数フィート（メートル）のバークチップまたは砂利の境界線をつくりましょう。バークチップまたは砂利の所に来たら「ゆっくり！」の号令を出して，近くにフェンスがあることを教えましょう。

危険な場所への出入りを制限する

　犬の視点で庭を見回してみましょう。犬が落ちそうな穴やつまずいて転びそうながれきはありませんか？　犬の顔の高さで生垣が突き出ている所はありませんか？　失明した犬は，瞬きをほとんど，あるいは全くしません。ですから，眼球摘出術で眼球がなくなってしまっている場合などを除き，生垣などで角膜を傷つけてしまうリスクが通常よりずっと高いのです。

　庭が広い場合は，一部を区切ることを考えてください。ドッグランのような小さな区画をつくり，そこでは犬が排泄もできるようにしてあげましょう。そこはあなたが見ていられない時でも犬が安全に過ごせる場所になります。

　別の方法として，庭の中にある危険な場所への出入りを制限する方法もあります。池やプールなどはフェンスで囲いましょう。温水バスタブにはふたをしておきましょう。犬が上り下りを覚えるまでは段差や階段もフェンスで囲い，入れないようにしておきましょう。装飾用のデザインフェンスは木製（小型のピケットフェンス），プラスチック製，ワイヤー製など，さまざまなものが売られています。緑色のエナメルで覆われたワイヤーであれば風景に溶け込むでしょうし，美観を大きく損ねることなく，安全性を確保することができる

失明したロットワイラーの"バッバ"。

でしょう。

庭に香り・触覚の指標をつける

　バーベキュースタンド、パティオに置かれたテーブルや椅子、デッキの柱など、庭で問題になりそうな所に香りの指標をつけることもできます。風や雨の影響を受けるので、家の中より頻繁に香りを塗布することが必要です。犬が繰り返しぶつかってしまうものがある場合は、犬のメンタルマップが改善してぶつからなくなるまでは、これらのものに保護パッドをつけておきましょう。

手間がかかりますが、それによって防げるケガもあるので、意味があります。

　犬によっては、家の中から呼ばれた場合に、どうしたら戻れるのかが分からないこともあります。これは反抗しているのではなく、方向感覚がなくなってしまっているのです。戻ろうとしているのですが、どの方向に進めばよいのか分からなくなっているのです。嵐の日や風の強い日などは、聴覚や嗅覚がいつもほど使うことができず、問題が悪化します。

第 10 章　庭をマスターする

　できれば庭の中心からドアまで犬用の通路をつくってあげましょう。砂利，新しいバークチップ（新しければ香りの指標にもなります），レンガ，石などを使うのがよいでしょう。これらの素材は犬が歩いた時に芝とは違う音や感触があります。庭が雪で覆われている時は，犬用の通路をバークチップやわらで雪の上につくってあげましょう。

　その他にも指標をつくりましょう。庭が広くて平坦な場合は犬が指標にできるものがあまりないので，追加の指標は特に意味があります。庭へのドアに風鈴や大きなベルをつけましょう。また，犬用の通路に香りのある花やハーブを植えましょう。たとえば，ローズマリーなら，深い雪に覆われない限りその香りが保たれます。

ポーチ／デッキの階段を下りた所にパティオ用の石が敷かれ，一番上の段には香りのある花（左手前）が置かれています。フェンス沿いには他の花があり，フェンスがあることのヒントになっています（奥）。失明したドーベルマン・ピンシャーの"ラルフ"。デボラ・ウィービーさん提供。

　家の中でしたように，外の犬用の通路にも犬を慣れさせてあげます。ベルや鈴を鳴らしましょう。犬の名前を呼びながら犬用の通路を歩いて，犬があなたの声を頼りに，あなたの方に来られるようにしましょう。そこから通路に沿って犬を誘導し，ドアにたどり着いたらごほうびをあげましょう。やがて犬の頭にメンタルマップができあがり，通路をたどってドアを見つけることを覚えるでしょう。

　犬用のドアを通って犬が自由に庭へ出られるようになっている場合には，犬が専用通路を理解しているということは，特に意味があります。自由に出入りできるということは，あなたが知らない間に犬が方向感覚を失って混乱に陥る可能性があるということです。専用の通路があることを犬が分かっていれば，リスクを最小限にすることができます。

　それでも庭での問題が中々解決しない場合は，あなたが外まで付き添うのがベストだということかもしれません。ある飼い主さんは犬に長いリー

117

写真のフラシ天バスマットは，視覚的にも感覚的にも硬いビニールの床材とは対照的で，よい指標になるでしょう。

ドをつけています。リードを手繰り寄せることによって，犬を家の中に戻してあげられるわけです。

犬用のドア

あなたの家に犬用のドアをつけていないのであれば，1つつけることを考えてみましょう。犬用のドアは，以前のようにはトイレを我慢できなくなってしまった，老齢の失明した犬にはとても便利です。すでに犬用のドアをつけてある場合は，どうやってそこから出入りしていたのか，もう1度思い出させてあげましょう。

■犬用のドアの通り方を教える

時として，犬用のドアの敷居が下から何インチ（センチ）か高くなっていて，犬がその高さをまたがなければならないことがあります。敷居の所でトリーツをあげたり，敷居を手で軽くたたくなどしてみましょう。トリーツや音の合図は，どのくらいの高さをまたがなければいけないのかを犬が判断するための情報になります。犬の手を持ち上げて犬用のドアの敷居を触れさせてもよいでしょう。

フラップを片方の手で押し上げておき，トリーツを使って犬がドアを通るのを促してあげましょう。犬が躊躇したら，第8章で紹介したトリーツを新聞の上に落とすテクニックを使うとよいでしょう。トリーツをドアの向こう側に落とし，犬がくぐりぬける時に「スルー（**訳者注：通り抜けて**）」または「出なさい」などの号令を出しましょう。

これらのことを犬が楽にできるようになったら，次は犬がドアを通る時にフラップを少しおろします。犬が自分で押しながら通らなければならなくなるまで，フラップを少しずつ低くしていきましょう。ドアの両側に香りの指標や触覚の指標（内側にマット，外側に砂利を置くなど）をつけてください。

失禁——家の中でのアクシデント

失明したばかりの犬は，自分のテリトリーにマーキングをして移動の指標としているのではないかと言われることがあります。あなたの犬がそうしているのではないかと思われる時は，第9章の香りや触覚の指標についての説明をもう1度読んでみてください。支配的な犬は新しい犬が家に来た時にマーキングをするかもしれません。膀胱炎でも失禁が起こりえますし，その他にも失禁を伴う全身性疾患や治療薬はたくさんあります。あなたの犬がSARD，クッシング症候群，真性糖尿病を患っている場合，あるいはステロイドや抗てんかん薬などが処方されている場合は，飲み水を決して控えないでください。

第 10 章　庭をマスターする

　家の中での失禁を最小限に抑える方法はいくつかあります。犬の行動スケジュール，水を飲むタイミング，ボディランゲージを観察してください。中には外に出してほしいと訴えるのが上手な犬もいます。そういう犬はあなたと眼を合わせるでしょうし，ドアの近くを行ったり来たりするでしょう。くんくん鳴くかもしれません。そういう訴えを全くできない犬もいます。そういう犬の飼い主さんは時間を気にかけて，最後に外に出たのはいつだったのかを思い返して，適宜外に出るように促す必要があります。

　犬は通常，遊びの後や寝て起きた時に尿を排出する必要があります。排便は食事の後や散歩に出た時に見られます。時間や頻度は犬により差があります。子犬やシェルターなどから引き取った犬のトイレトレーニングをする場合は，第 15 章「生まれつき眼の見えない犬」の中のクレート・トレーニングの説明を参考にしてください。

　「トイレ！」など，排泄のための言葉を決めておくとよいでしょう。きちんとトイレができたら「グッド！」などと言ってほめてあげ，ごほうびのトリーツをあげましょう。

　家の中で失禁してしまっても騒がないでください。多くの場合，それはトイレトレーニングの後

失明したオーストラリアン・テリアの"ミンディ"。クローデット・トリムブレイさん提供。

退ではなく，コントロールできないアクシデントなのです。落ち着いて犬を外に出してあげ，トイレを促す言葉をかけて，トイレは外でするのだということを思い出させてあげましょう。

　怒鳴ったりたたいたりすると，犬はますます排泄行為に緊張を覚えるようになってしまいます。緊張した犬は外に出してほしいと訴えることをますますしなくなるでしょう。アクシデントで家の

中を汚してしまった場合は，犬が外に出ている間に片づければよいのです。

■ **クリーニング**

きちんと消臭することで，犬が同じ場所をまた汚してしまうリスクを減らすことができます。ホワイトビネガーは最も古くから使われていて効果のある消臭剤の1つです。カーペットにオシッコをしてしまった場合は，繰り返しふき取ってください。タオルを重ねてその上に体重をかけ，これ以上は吸い取れないというところまで吸い取りましょう。

汚れた所を水とホワイトビネガーを半分ずつ混ぜたもので浸し，タオルなどでカバーをし，乾くまで汚れがカーペットに移らないようにしましょう。1日あるいは2日経っても軽い酢のにおいの他に何かにおいが残っているなら，このプロセスを繰り返してください。酢は排便をしてしまった場合の消臭にも効果があります。

■ **失禁時のその他の対応策**

外でトイレができるはずなのに，家の中でのアクシデント的な失禁がなくならない場合は，犬のためにペット用のトイレシートの購入を考えましょう。ペーパータオルとプラスチックのトレーを組み合わせたもので，子犬のトイレのしつけ用のものでは排尿を促すにおいがつけられているものもたくさんあります。人の寝たきりの入院患者さん用のトイレシートを買って利用する飼い主さんもいます。パピーシートよりもサイズが大きいものです。同じ場所で繰り返し失禁が見られた場合には，そこにシートを置くとよいでしょう。

家の中，ガレージ，洗濯室などに，犬がトイレとして使ってもいいと思える場所がある場合は，そこにシートを敷きましょう。1度外でのトイレを覚えると家の中では排泄したがらない犬がほとんどですので，家の中での排泄にはもう1度トレーニングをする必要があるでしょう。

いつものトイレの時間になったらシートを敷いた場所まで誘導し，号令をかけてシートを軽くたたきます。きちんとトイレができたらほめてあげましょう。

大型の老犬と暮らすある飼い主さんは，飼い犬がどうしても彼女の帰宅を待てずに排泄してしまうため，地下室に頑丈なプラスチックのプールを置き，中に新聞紙を敷いてトイレにしました。8〜10インチ（約20〜25cm）ぐらいの高さのプールです。

ある飼い主さんはベビーモニターを購入し，犬のベッドのそばに1つ，庭へのドアの近くに1つ置き，犬が外に出たがっている様子が分かるようになりました。キャスター付きデスクチェアの下に敷く，プラスチック製のカーペット保護マットもよいでしょう。その上を犬が歩くと爪がぶつかる音がするので，夜間犬がベッドから出た時に気づけるようになるでしょう。下のカーペットの保護にもなります。プラスチックのドロップ・クロス（**訳者注：汚れ防止用のシート**），マットレスパッドなども同じ目的に使えます。マットレスパッドは大切な家具のカバーにもなるでしょう。

中には，犬の寝場所をタイルまたはビニールの床のバスルームに移動する飼い主さんもいます。また，尿がメッシュのベッドを通過して，下の受け皿に落ちるようになっている犬用のベッドもあります。

失禁してしまう犬のためにオムツを買う，あるいはつくることもできます。雄の犬には，人の幼児用の普通のオムツとゴムのついたドレスクリップ（洋服の布をたぐり寄せて留めるクリップ）を買

いましょう。布やアクセサリーを売っている所で手に入ります。ベッド・リネン売り場でも，同じような伸縮性ゴムのついたクリップを買えるでしょう。カマーバンドのようにオムツを犬に巻けばオーケーです。女性の生理用ナプキンをつければ吸収性が高まります。雌犬用のおむつは市販されています。

多くの飼い主さんから食事を変えることで失禁が減ったという報告を聞かれます。食事から穀類を除くことによって膀胱のコントロールに改善が見られることはよくあります。これは，炎症サイクル，コルチゾールの産生，そして穀物タンパク質によって引き起こされると考えられている筋力の低下に関係していることが考えられます。SARDに罹患している犬にホルモン補充療法を施すと，一般的に尿失禁，腸失禁の両方が減ります。

こうした方法の中には無駄だと思えるものもあるかもしれませんが，犬にも飼い主さんにもよいことがあります。犬が清潔でこぎれいなままでいられれば，犬の生活ばかりか，おそらくはあなたのクオリティ・オブ・ライフの改善にもなるでしょう。

第11章　地域をマスターする

　ここまで来れば，あなたもあなたの犬も，新たな訓練や言葉に慣れてきたことでしょう。そろそろ家の中や庭より複雑な所でもうまく乗り切る準備ができていると思います。それは郵便受けまで歩くということかもしれませんし，近所を散歩するということかもしれません。あるいは動物病院を訪ねるということかもしれません。いくつかに関しては，犬が付近のメンタルマップをつくってうまく対応できるようになるでしょうが，あなたの助けが必要なこともあるでしょう。

失明した犬を連れて外の世界に出ることの意味

　人前に出ると緊張してしまい，出ることを嫌がる犬がいます。失明が原因の場合もありますし，子犬の時に十分に社会性が身につかなかったことが原因の場合もあります。虐待されていたのかもしれません。こうした犬は，時に家にいるのが1番幸せだと感じるでしょう。

　しかし，ほとんどの場合，犬は外に出ることを非常に喜びます。あなたも犬を外に連れ出す努力をしましょう。家の中や庭以上に努力をしなければなりませんが，犬にとっては特別な楽しみです。犬は社会的な生き物であり，自分以外の存在との接触を求めるのです。地域を散歩することは刺激になりますし，運動にもなります。外であなたについて歩くスキルを身につけることで，うつを抑え，依存的な行動を減らすこともできます。

　外では，天気や照明が犬にとって助けになることもあれば，障害になることもあることに気づくでしょう。部分白内障や瞳孔散大を患っている犬が外に出ると，最初の2～3歩はよろめきつまずくかもしれません。そうした犬は，明るい光に慣れるためにちょっと時間が必要かもしれません。突発性後天性網膜変性症（SARD）に罹患した犬の飼い主さんは，自分の犬が1番よく動けるのは夕方だと考えています。

　視力の低い人の患者さんは，曇った日の明るい時間が大変だと言います。光が雲に反射して地面に跳ね返り，ぎらぎらするためです。犬がまぶしそうなら，散歩の時間を調整するか日よけをつくってあげましょう。犬用のサンバイザーや帽子が市販されています。

失明したミニチュア・シュナウザーの"カーライル"。

光が少なくて風が強い日も問題になることがあります。進行性網膜萎縮症（PRA）の初期にある犬には，光が少ないことはより問題になります。風が強い時は犬の聴覚，嗅覚の働きが弱まり，犬があなたから離れてしまった時に声やにおいであなたを追うのが難しくなります。

音によるヒント

失明した犬は散歩中もあなたを見ることができません。音による合図で助けてあげましょう。歌を歌ったり，口笛を吹いたり，外で犬に話しかけたりするのに抵抗がある場合は，他の方法があります。鈴のついた猫用の首輪を足首や腰につけましょう。クリスマスシーズンならば鈴のついた靴ひもや靴下を買えるでしょう。

鈴をつけることにも抵抗があるようなら，歩くと音の出る靴を履いたり，トランジスターラジオを持って歩いたりしてもいいでしょう。前にお話ししたビーパーや電池式のメトロノームを使ってもいいかもしれません。あなたが近くにいると分かっていることが，犬にとって自信になるのです。

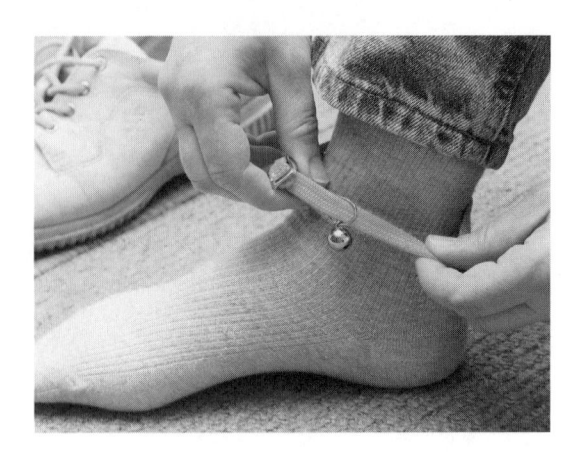

あなたの犬が大きな音を嫌がるようなら，訓練用のトリーツを持って外出しましょう。犬が怖がる様子を見せても抱き上げたり撫でたりしてはいけません。かわりにトリーツで気を引きます。そうすればトリーツに集中して音を気にしないでいることができるようになるでしょう。

近所のメンタルマップができるまで

家の中のメンタルマップができるまで，犬は部屋から部屋へ何度も行き来しています。家の周囲や公園についても，いつも同じルートを通ってあげることによって，犬はメンタルマップをつくることができます。いつも同じルートでは退屈するのではないかと思うかもしれませんが，犬にとっては楽しいことなのです。

いつも同じルートで近所を散歩することには2つのメリットがあります。まず，メンタルマップができてくると犬が自信を持てるようになります。以前ほどにはあなたの助けを必要としなくなり，大変だった散歩があなたにとってもリラックスできる時間になるでしょう。次に，万一犬がはぐれてしまった時でも，犬は覚えたルートをた

第 11 章　地域をマスターする

「触るよ」

どっているかもしれないので，あなたが犬を見つけられる可能性も高まるでしょう。

新しい人との出会い

　犬が見知らぬ人と会った時の反応はさまざまです。人とのコンタクトを求める犬もいれば，嫌がる犬もいます。身をすくませることも，唸ることも噛むこともあるでしょう。獣医師，グルーマー，怖いもの知らずの子どもなど，あなたの犬もあなた以外の人とのコンタクトが必ずあります。ですから，他人に触られることをあなたの犬が受け入れられることはとても重要です。

■他人に触られることに慣れさせる

　ごほうびのトリーツを使って，知らない人への負の感情を抑えられるようにサポートしてあげましょう。外出する時にはトレーニング用のトリーツを忘れないでください。誰かが触ろうとしていることを犬に教えてあげるための言葉を決め，他の人があなたの犬に触る時にも同じ言葉をかけて

もらいましょう。たとえば，動物病院の先生やスタッフには「触診する前に『触るよ』と声をかけてください」と言っておくとよいでしょう。

　知らない人に犬を触らせてあげる時は，まず手を出して犬ににおいを嗅がせてあげるように，その人にお願いしましょう。そこでリーダーであるあなたが犬にごほうびのトリーツをあげます。その後でゆっくりと撫でてもらい，あなたはその間にもう1つトリーツをあげます。毎回同じようにすれば，やがて触られることを受け入れられるようになるでしょう。

ユーモア

　失明した人の患者さんは，見えないことを繰り返し他人に説明しなければいけないのを，時にわずらわしく思うようです。そんな時はユーモアが役に立つと言います。ある患者さんはコートにピンで留めてある2つのメッセージの話をしてくれました。1つには「声に出して言ってください。

125

私は眼が見えません」と書いてあり，もう1つには「普通に見えるかもしれませんが，私はよく見えません」と書いてあるそうです。

失明した犬の飼い主さんもユーモアが役立つことがあると言います。ある飼い主さんは，ご自分の犬が失明について思っていることを「書くのを手伝ってあげた」そうです。一緒に以下のようなものをつくりました。

眼が見えないことがよい理由のトップ10

- 第10位——「ぼくの人（飼い主さんのこと）」が床に散らばった洋服やがらくたをきちんと片づけるようになった。
- 第9位——「ぼくの人」が家具の配置を頻繁にかえるというはた迷惑な習慣をやめた。
- 第8位——うちに来る人から前よりもたくさん撫でてもらったり，トリーツをもらえたりする。
- 第7位——以前は「ぼくの人」からどくように言われていたが，今では「ぼくの人」がどいてくれる。
- 第6位——空を舞っているあの恐ろしい凧を2度と見ないですむ（眼の見える犬の諸君，気をつけたまえ。凧は生きていて，ぼくたちを狙ってるんだ！）。
- 第5位——花火やろうそくの変な光とも，さよならできる……（花火もろうそくも，ぼくたちを狙っているに違いない）。
- 第4位——奇妙な手のサインに，もう注意を払わなくてもいい。
- 第3位——何を壊しても，もう怒られない。「ぼくの人」がただあきらめて部屋を出て行くだけだ。
- 第2位——「ぼくの人」がとってもバカなことをするのを楽しめる。階段にものすごく高い香水をつけるみたいなね。

そして，眼が見えないことがよい理由の第1位は，窓の外を向いているだけで「ぼくの人」をとんでもなくやきもきさせられるってこと。なんてったって「ぼくの人」にはぼくが何を見ているのか分かりっこないのだもの！

（匿名希望の作者の許可を得た上で掲載しました。）

新しい犬との出会い

あなたの犬の失明について，犬を連れている他の人たちに説明することをおっくうに思わないでください。状況が分かれば自分たちの犬をよくコントロールしてくれるでしょう。視力を失った犬は皆，眼の見える犬に対して明らかに不利な立場に置かれています。失明しているということは，「ボディランゲージ・ミュート（**訳者注：ボディランゲージを話せない**）」だということで，相手のボディランゲージを見て相手の意図を読み取ること，解釈することができないということなのです（第6章を参照してください）。その結果，眼の

見えない犬は，眼の見える犬の思うような反応を必ずしもしなくなります。

相手のボディランゲージが見えないことで，あなたの犬は他の犬に会うことを脅威と感じるようになるかもしれません。すると，それが相手の犬の不適切な行動につながってしまうかもしれません。典型的なのは失明した犬が支配的な犬に出くわして起こることです。アルファ犬は支配的な行動を見せますが，失明した犬は反応を見せません。これは支配的な犬をどんどん攻撃的にしてしまいます。あなたの飼い犬の間でそのようなことが起こったら，攻撃的な行動を断固やめさせなければいけません。

失明したあなたの犬が，どの犬と会って挨拶をしても大丈夫かは，あなたが決めましょう。注意してほしいのですが，リードをつけられている犬は，閉じ込められている（危険がある）ように感じ，群れのリーダーであるあなたを守ろうとする意識が強くなるものです。

他の犬が近づいてきたら，飼い主さんに次のように聞いてください。
「私の犬は眼が見えないのだけれど，あなたの犬は他の犬に対して友好的ですか？」
返事があるまで繰り返し聞きましょう。あなたの犬が小型犬で，犬に危険がありそうだと感じたら，危険を回避するために抱き上げてもよいでしょう。あるいは，単純に向きを変え，近づいてくる犬とは逆方向に，落ち着いて毅然と歩きましょう。「前へ！」の号令をかけ，潜在的危険がある状況から犬を退避させましょう。

犬はリーダーであるあなたから，いろいろなヒントを読み取って行動しているのではないかといわれています。他の犬が近づいてきた時に，あなたが親しげでリラックスした状態を保てていれ ば，あなたの犬も同じように親しげでリラックスした状態でいられるでしょう。あなたが気持ちよく落ち着いた声で「可愛いワンちゃんですね」と声をかけてあげれば，あなたはあなたの犬に対しても同時にプラスのメッセージを発していることになるのです。

■他の犬の存在を犬に伝える
犬の散歩中，頻繁に他の犬に出くわす場合は，他の犬が近づいてくることを決まった言葉であなたの犬に教えてあげましょう。まずは，友好的な犬を飼っているお友達に協力をお願いし，練習をします。練習では，どちらの犬もリードにつないでください。

お友達に，犬を連れてあなたとあなたの犬から10フィート（約3m）くらい離れてもらい，あなたの犬に「犬が来るわよ」などと合図を出します。次にお友達に，あなたたちのほうに歩いて来るようお願いしましょう。近くまで来たら，犬たちがお互いに挨拶するのをちょっと待ちましょう。そして，そこまでのプロセスを何度か繰り返します。

あなたの犬が他の犬と会うのを嫌がるようなら，正の強化を使って練習しましょう。合図の言葉をかけたらトリーツをあげます。ただし，他の犬が近づいてくる時にトリーツをあげる場合は，十分に注意をしてください。犬は食べ物があると縄張り意識が出て攻撃的になることがあります。

車でのお出かけ

家の中で利用した指標の多くは車でも使えます。乗車口（犬がジャンプしなければいけない高さ）に香りかコントラストテープで指標をつけましょう。車に乗せるクレートまたは犬のベッドにも香りかマットで指標をつけます。また，音の合図で犬にどこに動いてほしいのかを教えてあげましょう。手でその場所を軽くたたいても，指をパチッと鳴らしても，車のキーをカチャカチャ鳴らしてもいいですね。犬が音の合図にしたがって動いたら，ごほうびのトリーツをあげましょう。コンクリートなどの固い地面に飛び降りることが関節への大きな負担となる大型犬の場合は，スロープの利用を考えてみましょう。

高速道路の走行中に，犬が窓から頭を出して外を見るのをそのままにするのはよくありません。失明していると，瞬きをほとんど，あるいは全くしないので，破片などが飛んできた場合にケガにつながるリスクが，失明していない犬の場合よりも高くなります。また，風圧が高まると眼圧も上がるとも言われています。

犬が車に飛び乗る前に，片づけなければいけないものがある場合は，「待て！」の号令をかけましょう。高さを教えてあげたい時にも，犬の片方の前肢を乗車口に置いて「待て！」をさせましょう。

犬を車から降ろす時にも同じように「待て！」の号令をかけます。そうすれば，落ち着いて犬の胸に手を当て，降りるのをサポートしてあげられます。

乗車中，犬をクレートに入れない場合は，犬用のシートベルト・ハーネスを購入しましょう。走行中，犬が立ったままでいる場合は，他にも合図があるとよいかもしれません。ある飼い主さんは

車がコーナーにさしかかる時に「ふんばれ！」と合図を出します。そうすると犬は肢をふんばってうまくバランスを保てるのだそうです。

失明犬との旅行・キャンピング

犬との旅を計画している場合は，出かける前に訓練の復習をしましょう。また，運動用のサークルの購入を検討するとよいでしょう。持ち運べて，犬が安全に過ごせる場所にもなる，ワイヤー製のサークルです。まずは家で短時間ずつサークルに慣らし，旅行の時はそのサークルを持っていきましょう。キャンプに連れて行く場合は，いつも同じ所にサークルを設置するようにします。たとえばある飼い主さんは，毎回，キャンピングカーのドアのすぐ左側の外にサークルを設置するそうです。

旅に出る前に裏庭へのドア，犬の安全スポット，フードボウルや水の容器に，それぞれ別の香りの指標をつけ，旅先の親戚や友人宅，ホテルなどで，それぞれに同じ香りの指標をつけましょう。これは違う環境でも犬がそれらの重要な場所を見つけやすくするためです。

ゴールデン・レトリーバーの"セバカ"と"サンディ（失明した犬）"。
ベブ・バーナさん提供。

老齢の犬は極端な天候に対応する能力が低下しています。また，SARDあるいは糖尿病を患っている犬は暑さが苦手です。あなたの犬がそういうタイプの場合は，旅行などに連れ出すことは極力避けてあげるのがよいでしょう。あなたの犬が旅行中うまく適応できない場合は，グルーマーや獣医師に留守中来てもらうようにして，犬は家に置いていきましょう。費用はかかるかもしれませんが，その方がストレスがずっと少なくてすむこともあるのです。

> **注**：犬が失明している場合は，グルーマーにひげを切らないようにお願いしておきましょう。ひげは感覚器の役割を果たしており，犬が障害物を避けるのに必要です。

第 12 章　遊びの時間

野生の世界では，子犬は遊びを通して狩りの技術や群れの他のメンバーとの交流を学びます。人と暮らす犬の場合は，遊ぶことが運動になり，楽しみにもなります。また，ストレスを減らし，退屈しのぎになります。失明した犬にとって，とても有用なおもちゃやゲームもたくさんあります。

犬と遊ぶことの意味

まだ若い犬や活発な犬が失明した場合，遊びの時間は特に意味があります。失明する前と同じレベルの運動はおそらく無理でしょうから，エネルギーが有り余り，蓄積していきます。蓄積されたエネルギーを適切な方向に向けて使わせてあげないと，してはいけない所で穴掘りをしたり，噛んではいけないものを噛んだり，無駄吠えをするなど，望ましくない行動でエネルギーを発散することになってしまうでしょう。犬に考えることを促すゲームなどの頭の体操でも，運動で得られるのと同じような効果を得ることができます。

失明した犬との遊び方

失明した犬と遊ぶ上で大事なのは，ケガのリスクを最小限にしつつ，聴覚と嗅覚を最大限活用することです。犬は生まれ持った捕食・狩りの本能を使うゲームをとても喜びます。あなたの犬も獲物（おもちゃ）を見つけて捕まえられるゲームを，他の何よりも楽しいと思うかもしれません。広々として障害物のない所で遊ぶようにしてください。

犬は人と同じように社会的な生き物です。群れをつくって生きる動物で，他の犬と過ごすことを楽しみます。

しかしながら，あなたの犬が 1 頭で飼われている「ひとりっ子」の場合，子犬の場合，または失明したために他の犬とは引き離しておく必要がある場合などは，あなたと 1 対 1 で遊ぶことになるでしょう。失明した犬が眼の見える他の犬と暮らす場合，犬におもちゃをあげても，失明した犬が見つける前に他の犬におもちゃを取られてしまうことになります。食べ物を使ったゲームでも同じことが起こります。

　失明した犬に新しいゲームをさせる時は，徐々に慣らしてあげましょう。理解できなければストレスを感じたり，不安になったり，落ち込んだりしてしまうでしょう。攻撃的になる傾向がある場

第 12 章 遊びの時間

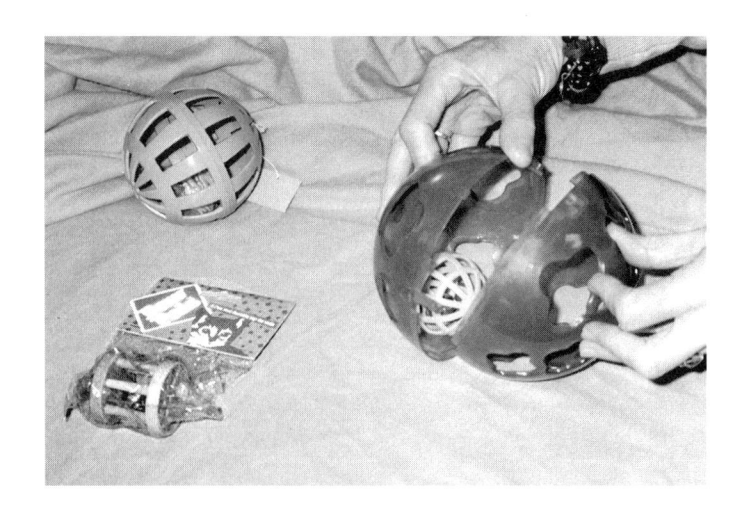

合を除き，ゲームではもっぱら犬が勝てるようにしてあげましょう。

　犬があまり遊びたがらないように見えても気長につき合いましょう。失明したことに適応するのにもう少し時間がかかる状態なのかもしれませんし，ストレスのために楽しく遊べないのかもしれません。失明以外の何らかの全身性の症状が出ている可能性もあります。たとえば，突発性後天性網膜変性症（SARD）や糖尿病を患っている犬の場合，無気力はよく見られる症状です。

　ある程度時間が経って，それでもまだ遊ぶことに興味を示さないようなら，新しいおもちゃを試してみるとよいでしょう。人の子どもがそうであるように，犬にもそれぞれ個性があります。ある犬が喜ぶおもちゃに他の犬は全く興味を示さないこともありますし，その逆もあります。あなたの犬がどのおもちゃを気に入るか，いくつか違うおもちゃを試してみましょう。遊びたい時にいつでも犬が自分で見つけられるように，おもちゃはまとめて 1 カ所に置いておきましょう。

注：あなたの犬にふさわしいおもちゃを，十分注意して選びましょう。噛んでもいいようにデザインされていないおもちゃを犬が噛んで砕けた場合，破片を飲み込んで胃の障害を引きこしたり，ケガの原因になったりします。おもちゃの安全性に疑問がある場合は，購入する前に売り場の人によく相談しましょう。

　新しいおもちゃを与える時は毎回よく犬を観察してください。犬が噛んでも大丈夫か，遊びの中で犬が多少乱暴に扱っても大丈夫かなど，気をつけて見ましょう。また，あまり小さくて，ひょっとしたら犬が丸ごと飲み込んでしまうことがないかどうかも，気をつける必要があります。この後に紹介するいくつかのおもちゃは，人が見ていない所で犬が遊ぶのには適していません。これらは，あなたが一緒にいる時のみ使うべきおもちゃです。

　ある飼い主さんは，自分の犬が最初新しいおもちゃをとても怖がったと話しています。実際，彼

失明したチェサピーク・ベイ・レトリーバーの"セスカ"。マギー・バックさん提供。

女がそのおもちゃを取り出したら，犬は部屋から逃げ出してしまいました！

　失明した犬の中には新しいものをとても怖がる犬もいます。これはおもちゃであってもです。新しいおもちゃは何分か時間をかけて，犬に慣れさせてあげましょう。恐怖心を和らげるのにトリーツを使ってもよいでしょう。

　それから，あなたもおもちゃで遊ぶのを楽しんでいると犬が思えると，うまくいくことがあります。思い切り楽しそうに，犬におもちゃの話をしましょう。あなた自身が触って遊んで，犬の興味を最大限引き出しましょう。

　中には，本当にどうやって遊んでいいのか分からない犬もいます。過去に虐待されたり放置されたりしたことが原因かもしれません。時間がかかるかもしれませんが，そういう犬も，やがてあなたの行動をまねて遊ぶことができるようになるでしょう。

音を利用したゲーム

　ものを回収するゲームを喜ぶ犬はたくさんいます。回収するゲームは犬の捕食本能を利用したものです。ある飼い主さんは次のようなすばらしい例で，犬がどれほど学習できるものなのかを教えてくれました。彼女は，犬がボールを追いかけていてどこにあるのか分からなくなってしまったら，犬と「ホット（熱い）」と「コールド（冷たい）」の単語遊びをするそうです。その犬は，「コールド」と言われた時はボールが近くにないことを理解していて，別の所を探しに行くそうです。「ウォーム（温かい）」と言われたらボールに近づいていることを，「ホット」と言われたらボールがすぐ近くにあることを理解しています。別の飼い主さんは「ライト（右）」と「レフト（左）」の言葉で犬を助けてあげるそうです。おもちゃに近づいたサインとして口笛を吹いてもいいですね。

■ボールとフリスビー

　失明した犬はボールがどこに投げられたのかを眼で見ることができないので，一定時間音が鳴るおもちゃを選ぶようにしましょう。鈴入りのゴムボールはよいですね。幼児向けのボールで，中に小さなミュージックボックスが入ったものでもよいでしょう。ただし，これらのボールは犬用にデザインされたものでないため，それらで遊ばせる時は，あなたが見ていなければなりません。

　もっとハイテクなおもちゃがよければ，眼の見えない人用のおもちゃを調べてみましょう。布製，スチロール製，プラスチック製，革製など，いろいろな素材のボールがあります。鈴が入っているものもあれば，ビーパーが入っているものもあります。ビープ音がするフリスビーでもよいでしょう。飛んでいる間，ヒューッと音がするものもあります。子ども用のおもちゃ店を覗いてみるとよいでしょう。ビーパーやメトロノームを購入し，すでに持っているおもちゃにつけてもよいかもしれません。

失明したラブラドール・レトリーバーの"マギー"とマギーのおもちゃ。キャサリン・ジェイミーソンさん提供。

「ホーリー・トリート・ボール」というおもちゃが売られています。ゴム製でクモの巣のようにデザインされており，中が空洞になってます（あなたの犬が水中回収を楽しむ犬なら，水に浮くタイプのホーリー・ボールを購入しましょう。ゴムボールの中に空気入りのプラスチック製のおもちゃが入っていて水に浮きます）。小さいメトロノームをバブルシートでできた袋や広口のプラスチック製のビン，防水の携帯電話ケースなどに入れ，一緒にホーリー・ボールに入れましょう。

犬にボールやフリスビーをあげる時は，それが世界で一番すてきなおもちゃであるようなふりをしましょう。あなたの犬に，以前ビーパー音を避けるための訓練をした場合は，これは特に重要です。

まずは犬をすぐそばに置いてボール遊びをし，それからボールを少しだけ遠くにゆっくり転がしましょう。そして犬が取りに行くように言葉をかけます。犬がボールを追わない時は，ボールがある所まで犬を呼んでボールを拾い，もう1度犬をすぐそばに置いてボール遊びをしましょう。

しばらく遊んだら，もう1度少し遠くに転がします。鈴入りのボールの場合は，犬がボールに追いつくまで鈴の音が鳴るように，ゆっくり転がしましょう。そうすれば，犬は聴覚と嗅覚の両方を使ってボールを見つけるでしょう。

もともと猫用につくられたボールやその他のおもちゃを試した飼い主さんもいます。小さなモーターが入っていて音を立てて動き，犬が追いかけられるものがあります。ただし，おもちゃを噛む

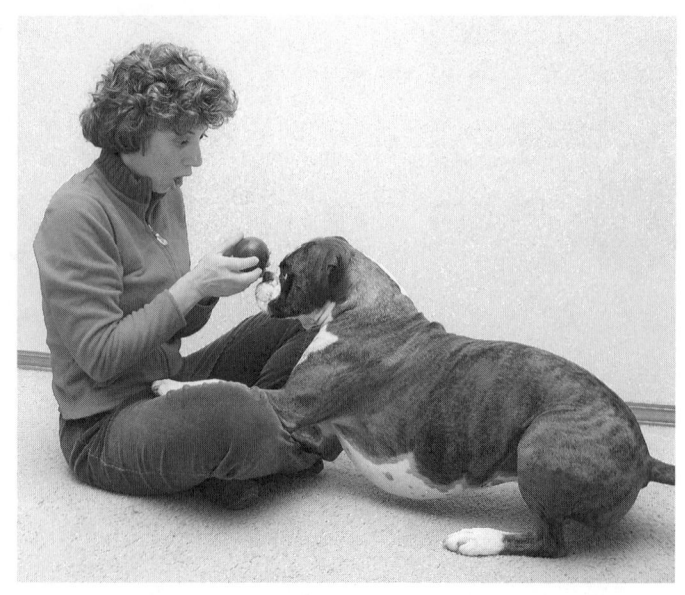

犬の場合は注意が必要です。こうした猫用のボールは硬いプラスチック製で，犬が噛むと粉々になってしまうことがあるからです。ラジコンで動くねずみのおもちゃやリモコンで動くレースカーのおもちゃなども失明した犬にはよいでしょう。

■ふわふわのおもちゃ

長い音が出るフラシ天でできたふわふわのおもちゃは，最近ではとてもいろいろなものがあります。レースカー，機関車，セイウチ，クジラ，アヒルなどはほんの数例で，それぞれ固有の音が録音されています。たとえば，機関車だったらシュッシュッという音に続いて汽笛の音がするという具合です。驚きの，そして楽しいテクノロジーですね。

子供用のおもちゃ店でも，この種の技術を使ったおもちゃを見つけられます。これらのふわふわのおもちゃは，人気の物語のキャラクターを表したものがあります。レコーダーが組み込まれていて，あなたがメッセージを録音できるものもあるでしょう。こうした人の子供用のおもちゃを犬用として買う場合は，まず安全性の確認をしてください。犬用につくられているわけではありません

第 12 章　遊びの時間

話したり笑ったりするボールやおもちゃを買いましょう。

から，犬が噛んで飲み込んでしまう小さなプラスチックのパーツなどが使われているかもしれません。

こうしたおもちゃは，ボールに比べて 2 つの利点があります。1 つは毛が生えているような触感を犬がより気に入るだろうということです。もう 1 つは音を鳴らしながら遠くに飛ばせることで，地面に落ちた後に犬が探しやすくなるということです。これは犬がより多くのエネルギーを使うことにもなります。

あなたの犬がおもちゃを思いきり噛んで引き裂いてしまう傾向がある場合は，さらに別の方法があります。失明した人用にデザインされたリモコンつきビーパーを買い，古いおもちゃや枕の詰めもの，キルトの中綿などと一緒にフェイクの羊皮の洗車用ミトンに詰め込んでください。手首のゴムの部分は中に入れ込み，太い糸でしっかりと口を縫って閉じましょう。洗車用ミトンはとても丈夫で長持ちします。

■モンキー・イン・ザ・ミドルとタッグ・ゲーム

家族全員が犬とのゲームに関わるようにしましょう。モンキー・イン・ザ・ミドルのゲームをするには，2 人以上がお互い数フィート（メートル）離れて立ちます。それぞれ訓練用のトリーツを持ち，「来い」の訓練をした時のように，1 人が犬を呼びます。口笛やクリッカー，キーキー音の鳴るおもちゃで，音の合図を出し続けてあげましょう。

犬が名前を呼んだ人の所に来られたら，ごほうびのトリーツをあげ，犬がトリーツを食べたら今度は別の人が犬を呼びます。2 番目に呼んだ人の所に無事に来られたら，2 つ目のトリーツをあげます。最終的には家族があちこちに散らばり，犬はトリーツをもらうために家族の間を走って行ったり来たりするのです。

このゲームを複数の犬で行うことには欠点と利点があります。他の犬がぶつかって来て，失明した犬が踏みつけられたり，方向が分からなくなっ

失明したチェサピーク・ベイ・レトリーバーの"セスカ"。マギー・バックさん提供。

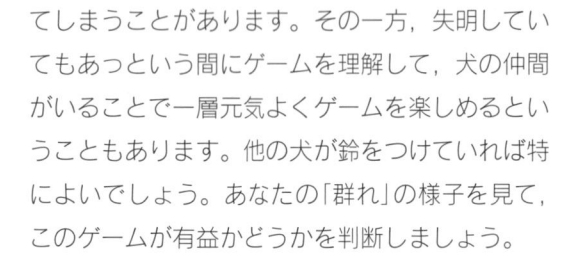

てしまうことがあります。その一方，失明していてもあっという間にゲームを理解して，犬の仲間がいることで一層元気よくゲームを楽しめるということもあります。他の犬が鈴をつけていれば特によいでしょう。あなたの「群れ」の様子を見て，このゲームが有益かどうかを判断しましょう。

　タッグ・ゲームはモンキー・イン・ザ・ミドルのちょっとしたバリエーションです。犬があなたの所に来てあなたからトリーツをもらったら，あなたが走って犬から数メートル離れ，また犬を呼びます。鈴やビーパーを使うとよいでしょう。犬を多頭飼いしている飼い主さんは，これがいつも犬が群れでしているゲームと同じだということに気づくでしょう。

嗅覚を使ったゲーム

　現在の犬種の多く，特にハウンド犬は，動物のにおいを追うすぐれた能力を目的としてつくられました。これは，狩りで威力を発揮し，生きるためにも重要なスキルです。においを追いかけることを目的につくられたわけではない犬種であっても，人をはるかに上回る，驚くべき嗅覚を持っています。

　嗅覚を使ったゲームをするには，あなたの方でも思考と労力が必要ですが，ほんの少し計画すれば，日常のスケジュールにうまく取り入れることができるでしょう。嗅覚を使ったゲームをあなたも犬も楽しいと思うのなら，トラッキングなどのドッグスポーツを行っているクラブや組織に加わることを考えてもよいかもしれません。

　トラッキング・クラブは全米中にあり，トラッキングはアメリカン・ケネル・クラブ（AKC）で公認のドッグスポーツです。失明した犬はAKCの公認競技に参加することを認められていませんが，クラブのイベントを見学してトラッキングについて学ぶのも楽しいでしょう。

■トリーツをたどって

これは嗅覚を利用した最も簡単なゲームで、あなたと犬が最初に挑戦すべきものです。家の中や庭で食べ物のにおいをたどらせて、隠してあるおもちゃを見つけさせるのです。たいていの犬はこういう遊びをとても喜びます。あなたが準備している間、犬は別の部屋か外で待たせます。

あなたの犬はすでに音を追ってごほうびにたどりつくことには慣れていますから、このゲームもすぐ分かるようになるでしょう。このゲームでは食べ物のにおいをたどって、おもちゃを見つけます。ここでは音が鳴るおもちゃは必要ありません。

あまりいろいろなにおいがあると犬が混乱してしまいますので、香りつきのオイルや香水などを使用していない部屋を使いましょう。また、人の出入りがあまりない部屋の方がよいでしょう。来客用の寝室とかフォーマル用のダイニングルームが適切です。

家具を動かして遊べるスペースをつくりましょう（もちろんこのゲームは外でもできますが、野生動物のにおいがあふれている所でゲームを覚えるのは、最初はちょっと難しいかもしれません）。

入り口から部屋の中に、数フィート（メートル）のトリーツのラインをつくってください。最初は6インチ（約15cm）ほどの間隔で置くとよいで

探せ

あなたの犬は、トリーツのラインをたどるのではなく、あたりを嗅ぎまわるかもしれません。あたりを嗅ぎまわって、食べ物を見つけるのは犬の習性です。トリーツからトリーツへ、床をたたき続けましょう。

犬がおもちゃにたどりつけたら、犬のためにあなたも大喜びしてください。犬は仕事をやりとげたと感じられるのがとても嬉しいのです。これは、ゴールに到達してゲームが終わったことを犬に伝える方法でもあります。

少しずつトリーツのラインを長くし、トリーツとトリーツの間隔を広げましょう。部屋をまたいでラインをつくってもよいかもしれません。犬が

しょう。犬がうまくたどれるようになってきたら、トリーツの間隔をもう少しあけます。トリーツのラインの最後に犬の好きなおもちゃを置きます。

犬を部屋に入れてゲームをはじめます。トリーツのラインを通り過ぎてしまわないよう、少し犬を制止する必要があるかもしれません。床を軽くたたいて最初のトリーツに気づかせてあげましょう。まずはトリーツを拾い上げて犬の鼻の前まで持っていき、においを嗅がせてから床に置くとよいかもしれません。トリーツに沿って動きはじめたら、「クッキーだよ」とか「探せ」などの言葉をかけてあげましょう。次のトリーツの近くを軽くたたきながら言葉をかけます。

上達してきたら，おもちゃを何かの後ろに隠してもよいでしょう。このゲームをしていると，最終的にはかくれんぼができるようになります。

頻繁にこのゲームをする場合は，適宜食事の量を減らすのを忘れないでください。また，時々場所を変えてゲームをするようにしましょう。そうすれば，前にゲームをした時のトリーツのラインの痕跡が残っていて犬が混乱してしまうことも避けられるでしょう。

■おもちゃの追跡

このゲームの目的は，おもちゃなどににおいをつけて床を引きずり，犬ににおいを追わせることです。前のゲームと同じように，このゲームもかくれんぼにつながります。新しいゴムのおもちゃ，骨の燻製，香りつきのテニスボールなど，においの強い新しいおもちゃを買うとよいかもしれません。

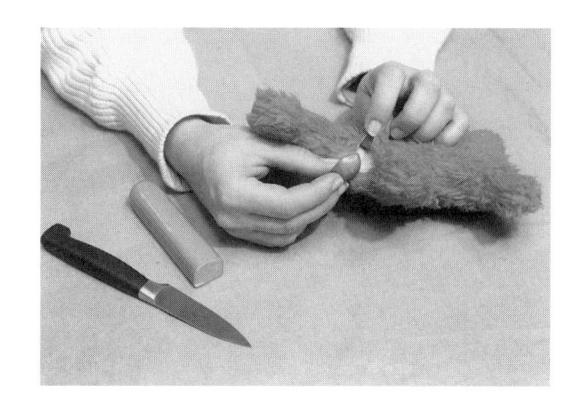

食べ物を詰め込める割れ目やくぼみがある硬いゴムのおもちゃはいろいろ売られています。コング（クールコングにはロープもついています）や，ピーナッツバター，クリームチーズ，レバーソーセージなどを詰められる，穴のあいたボールなどがあります。このゲームでは犬用のビスケットにひもをつけてもよいでしょう。

食べ物を使いたくない場合は，ウサギや羊など

の動物の生皮を使うとよいでしょう。ただし，動物の生皮を使って遊ばせる時は，必ず見ているようにしましょう。噛んで飲み込んでしまい，胃腸障害を起こしてしまうことがあります。

このゲームでは新しいおもちゃを買う必要はありませんが，古いおもちゃを使う時は，何か犬が喜ぶにおいをつけるとよいでしょう。ホットドッグやチーズをおもちゃに詰め込むか，それらをつまんでにおいをつけたあなたの手をおもちゃにこすりつけ，においをつけましょう。

おもちゃの中に食べ物を入れ込む場合，食べ物が床に直接ふれる必要はありません。これは，犬がにおいを嗅ぐ方法は2つあるからです。地面に残る微量のにおいを追いかけたり，空気中に漂うにおいの分子を嗅いで追跡することもできるのです。

犬を家の他の場所，あるいは外で待たせ，ゲームの準備をしましょう。おもちゃか動物の生皮にひもをくくりつけ，部屋の入り口から数フィート（メートル）ひきずります（ここでもあまり人の出入りのない部屋を使うのがよいでしょう）。

犬を部屋に連れてきたら，犬がにおいをつけたラインを通り過ぎてしまわないように，最初は犬を制止しておきましょう。においのラインの最初の所を軽くたたき，「おもちゃはどこかな？」とか「探せ！」といった言葉を犬にかけましょう。目的のおもちゃや動物の生皮を見つけるまで，においのラインに沿って床をたたき続けましょう。

トリーツをたどるゲームの時と同じように，こ

第12章 遊びの時間

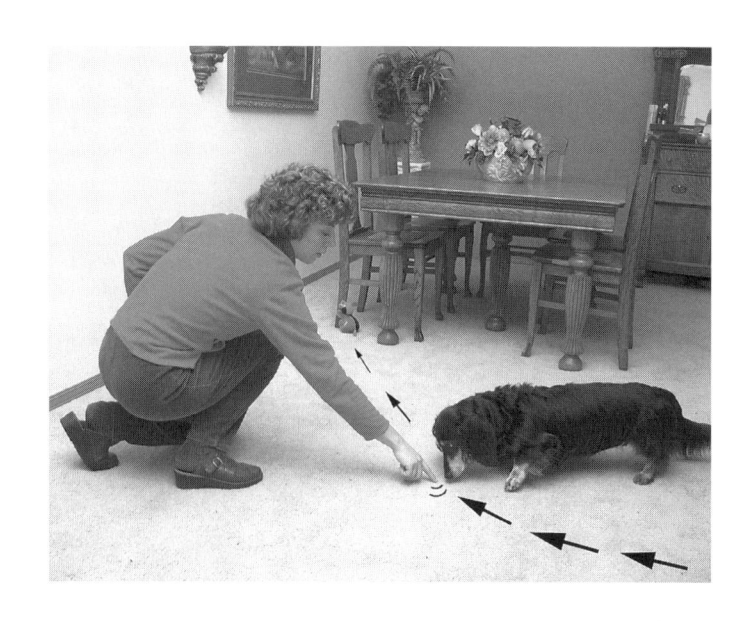

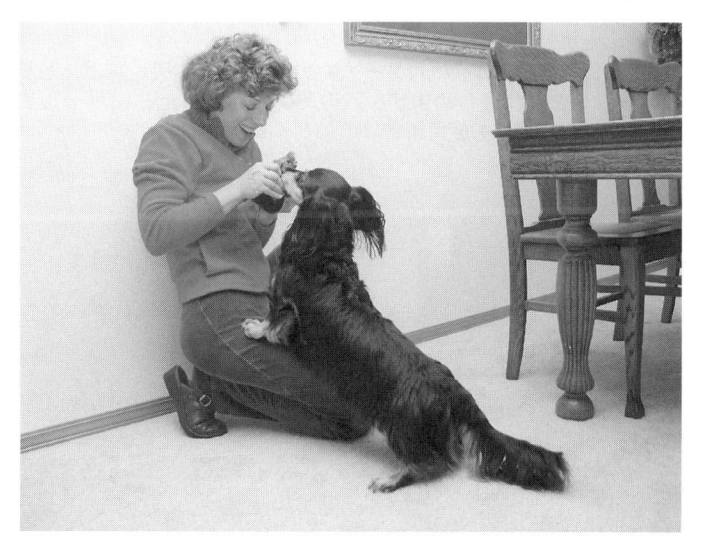

のゲームも部屋をまたいで，あるいは庭で楽しむことができます。公園や田舎に行って楽しむこともできます。においのラインがどこにあるかを忘れないようにしましょう。犬が混乱してしまった時は，あなたが誘導してライン上に戻してあげなければならないのです。

　外でこのゲームをする時は，天気がにおいに影響を及ぼすということを覚えておいてください。冷えて湿気がある（しかし雨は降っていない）時は，においを追うのはより簡単です。より地面に近い所に，においの分子が漂っているからです。乾いて風があり暑い時は，においの分子が地表から上にあがってしまい，追いかけるのがより難しくなります。

その他のおもちゃ

　失明した犬によいおもちゃは，他にもいくつかあります。床を転がると中に入れたトリーツが飛

145

"ハーバ・ボール(写真右)"や"バスター・キューブ(写真中央)"など，トリーツが出てくるおもちゃは犬が楽しめます。穴のあいてしまった古いボールやプラスチックのペットボトルなども使えます。

び出るものもあります。"バスター・キューブ""トレーニング・トリート・ボール""ハーバ・ボール"などという商品名で売られています。

"バスター・キューブ"はプラスチック製のキューブで，円筒形の穴が一面にあいています。トリーツを円筒形の穴から入れるとキューブのあちこちに動きます。犬はトリーツを取り出そうとキューブを転がし，転がるキューブから飛び出したトリーツを追いかけます。このゲームを頻繁にする場合は，適宜食事の量を減らしてください。

"トリート・ボール"と"ハーバ・ボール"はもっと単純なつくりですが，同じようなものです。犬へのメッセージを録音できるモデルもあります。硬いプラスチック製のおもちゃで遊ばせている時は，見ているようにしましょう。犬がおもちゃを噛み砕き，危険な破片ができてしまうことはよくあることです。"ハーバ・ボール"はゴム製で，見ていられない時のおもちゃにより適しています。

これらのおもちゃが手に入らない場合は，他のもので工夫してみましょう。長めの使い古しの布や毛布に犬用ビスケットを入れて結び目をいくつかつくりましょう。ビスケットを取り出そうと結び目をかじることは，犬にとっておもちゃの場合と同じようなゲームになります。古いテニスボールをピーナッツ入りの袋に入れ，転がしてあげて

第 12 章　遊びの時間

失明したゴールデン・レトリーバーの"ケイト"。ギャリー・スティーブンスさん提供。

失明したラブラドール・レトリーバーの"マギー"（失明犬）と"パイロット"。キャサリン・ジェイミーソンさん提供。

も（投げるのではなく）よいでしょう。

　一般的に，噛むことができるおもちゃや骨はあるとよいものです。犬にとって噛むことは本能的かつ有益な活動になるのです。失明した犬は眼の見える犬ほど活発でないこともありますが，それでも楽しめることは必要です。噛んで遊べるおもちゃや骨は犬が夢中になれますし，適度なエネルギーの発散になります。多頭飼いの場合は，すべての犬にいきわたるようにおもちゃや骨を準備しましょう。

水遊び

　中には，失明している自分の犬に泳ぎや水中回収を楽しませる飼い主さんもいます。これらの飼い主さんは，犬を長いリードにつなぎ，常に監視しています。20〜120 ポンド（約 9〜54 kg）の犬用の救命具・救命胴衣もあります。

　ある飼い主さんは，回収する"バンパー"や"ダミー"（**訳者注：狩猟犬のトレーニングのためのダミーの獲物**）の中にビーパーを入れておきます。犬はビーパーの音を追って回収するのです。あなたの犬の視力が残っている場合は，水面に浮くボールを買いましょう。中には回収をサポートするため

のロープがついた大きなボールもあります。

　カモ，ウズラ，シカ，ウサギなどの狩猟動物のビン入りのオイルを買うこともできます。こうした市販のオイルは，狩猟犬が獲物を回収するのに使われるのですが，失明した犬とのゲームにも使えるでしょう。

群れでの遊び

　群れで遊ばせる時は，何をする場合も最初のうちは注意深く見守ることが賢明です。あなたが多頭飼いをしていて，その中の 1 頭が失明した場合もそうですし，眼の見えないあなたの犬が他の飼い主さんの犬と遊ぶ場合もそうです。この時，次の 2 つのうちのいずれかのことが起こります。

安全なおもちゃを1カ所に集め，犬が見つけられるようにしましょう。

群れの他の犬が失明した犬と敵対するか，あるいは助けようとするかです。

　ある飼い主さんは，自分の犬たちがどんなふうにしてタッグ・ゲームを覚えたかについて，とても興味深い話をしてくれました。ある時，群れの犬が失明した犬の方に走っていったのですが，失明した犬はそれが見えず，群れの犬がぶつかってしまいました。すると失明した犬は方向感覚を失ってしまい，向きを変え，完全に群れとは逆の方を向いてしまったのです。

　その時，群れの中の眼の見える1頭の犬が失明した犬に向かって吠え，失明した犬を振り返らせました。飼い主さんは次のように説明しています。「まるで群れの犬が『ばかだなぁ，こっちだよ！』と言っているようでした。眼の見える犬が90°の角度で動き，また吠えると，失明した犬も90°向きを変えました。そして，眼の見える犬が動いてまた吠えると，失明した犬がまた向きを変えたのです」。
　この群れは，失明した犬と一緒に遊ぶための新しいルールを学習したのです。

　別の飼い主さんは，失明した犬があまりに吠えて，それに慣れていない他の犬を混乱させてしまうと報告しています。あなたにも同じ経験がある場合は，あなたがもっと犬たちの遊びに関与すべきでしょう。犬たちに何もかもが「オーケー」なのだと言いましょう。犬は人からいろいろなサインを読み取ります。失明した犬がしきりに吠えていても，リーダーであるあなたがリラックスしていれば，他の犬も落ち着けるようになります。

　群れで遊ばせる場合に注意深く見守らなければならないもう1つの理由は，安全に関わることだからです。犬たちがあまりにうるさく，荒々しくなると，失明した犬がケガをする恐れがあります。失明した犬は瞬きをほとんど，あるいは全くしません。角膜を傷つけるとひどい痛みを起こし，治るのに時間がかかります。糖尿病やSARDなどの疾患がある場合はなおさらです。穿孔性の傷がついてしまったら，眼球摘出術が必要になってしまう可能性もあるのです。

　家のすべての犬に「落ち着け」などの言葉を教えておくことが必要でしょう。私たちは犬が遊んでいる姿を見て楽しみますが，安全上の問題が生じそうな時に群れの行動を適切にコントロールするのも，群れのリーダーであるあなたの役割です。

「ひとりっ子」の仲間

　あなたの犬がサブ・アルファ犬で「ひとりっ子」の場合は，社交的な犬と遊べる時間をつくることを考えましょう。眼の見えないあなたの犬が子犬だったら，このことは特に重要です。あなたの犬がアルファ（支配的，攻撃的）犬的な性格の場合は，犬の仲間には興味を示さないかもしれません。

　社交的な犬の飼い主さんを誘って，犬たちをあなたの家の中，あるいは庭で遊ばせましょう。あ

なたの犬を連れて社交的な犬を飼うお宅を訪ねてもよいでしょう。ただし，メンタルマップがない環境に行くことになるわけですから，あなたの犬には少し難しいかもしれないということを覚えておいてください。犬が楽しめているかどうか，そのボディランゲージに注意を払いましょう。もしあまり居心地がよさそうでなかったら，1対1の遊びに戻りましょう。

第13章　白杖やその他の道具

　人の視覚障害者は，歩行の補助具として白杖を使います。多くの聡明な犬の飼い主さんが，それと同じような道具を考案して犬をサポートしています（市販されているものもあります）。障害について犬に注意を促すもの，ケガを防ぐためのもの，その両方の目的を持つものなどがあります。犬はこうした道具で器用に障害物を確認しながら，動き回ることを覚えるのです。

　すべての道具がどんな犬にも適しているというわけではありません。中には，洋服やその他のどんなものも，身体につけることを一切我慢できない犬もいます。あなたの犬がそうである場合は，道具を使わずに訓練や香りの合図に重点を置いた方がよいでしょう。

ベブ・バーナさん提供。

眼と頭の保護

　失明した犬は瞬きをほとんど，あるいは全くしないので，ケガを防ぐのにゴーグルが役に立ちます。カーペットか芝生の上にいる時にゴーグルに慣れさせましょう。コンクリートや硬い石の上でゴーグルをこすり落とそうとすると，レンズに傷をつけてしまうかもしれません。

　野球帽のような帽子やサンバイザーにも犬用のものがあります。あごの下と耳まわりをひもで固定するようになっていて，首輪につけられます。つばが長ければ障害物が顔にぶつかる前に犬に注意を促すこともできるでしょう。

首輪に"杖"をつける

　白杖の役割を果たす"触覚器"のような道具が犬の首輪用に開発されています。最初の例では，触覚機（プラスチック製のケーブルストラップやループ）が太陽光線のように首輪から突き出ています。工具店やホームセンターでプラスチック製

竹の棒をテープでとめましょう。

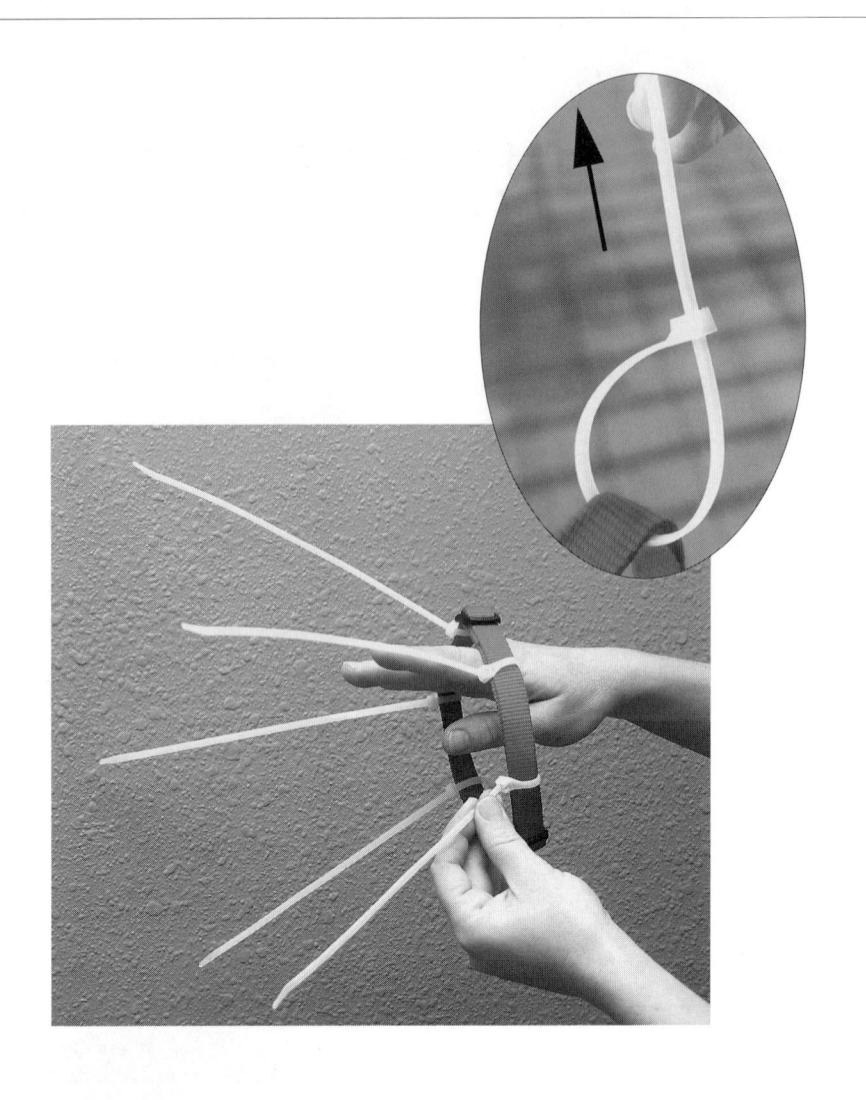

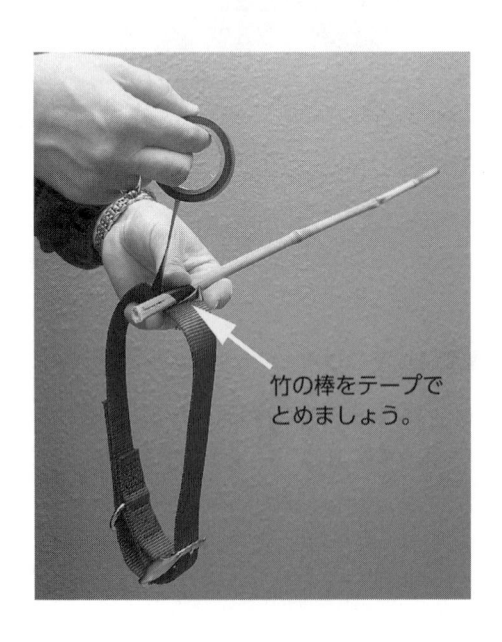

のケーブルストラップを何本か買い，少し前方に向けて首輪につけましょう（写真を参考にしてください）。このデザインは犬の横にある障害に気づかせるのに効果的です。

　目の前にある障害物に気づかせるには，デザインを変える必要があります。飼い主さんによっては，"杖"が前を向くように首輪を犬の首の高い位置，つまり耳のすぐ後ろにつけ，細い竹の棒（クラフトショップやガーデンショップにあります）を首輪の上につけています。

　ある飼い主さんは，触覚器を首輪の両側につけ

第13章　白杖やその他の道具

てもっと頑丈なデザインにしました。丈夫ですが，犬が横たわるのに邪魔になったりしません。

この触覚器をあなたの犬用に自分でつくるには，次のものを購入しましょう。
- 太い革製の首輪
- 2本のプラスチック製のケーブルストラップ：1/4インチ（約6mm）×15インチ（約38cm）
- 長さ12インチ（約30cm）のゴム製の燃料パイプ：3/8インチ（約9.5mm）。自動車部品店にあります。
- 2組のボルトとナット：3/16インチ（約5mm）×1インチ（約2.5cm）。これに合ったワッシャー4個も一緒に購入します。

この首輪用の"杖"をつくるには，まず首輪をつけてバックルをとめ，バックルが首の下にくるようにし，首輪の両側の真ん中に印をつけます。そこに"杖"がついて首輪のバランスを保ちつつ向きを維持します。首輪をはずし，印をつけたそれぞれの所に穴をあけます。穴はボルトより少し小さめにします。

次に，燃料パイプを半分にカットして6インチ（約15cm）ずつの2本にします（小型犬にはもっと短くしてもよいでしょう）。このパイプはプラスチックの触覚器を補強するためのものです。この種の燃料パイプはロールで売られているので，通常少しカーブしています。

2本のパイプは，それぞれがもう1本の方にカーブするようにレイアウトします。これはプラスチック製の"杖"がばらばらに広がらないようにするためです。それぞれのパイプの一方の端を，写真のように角度をつけて切り取りましょう。カーブの外側を切ります。これはパイプを首輪につけるのに役立ちます。そして斜角に切り取った所の内側に穴をあけます（図を参考にしてください）。

プラスチック製のケーブルストラップの1本をパイプに通します。パイプの穴とプラスチック製の"杖"の穴とを合わせてください。パイプの縁を切り取った部分に首輪を合わせ，パイプとプラスチック製の"杖"の間に入れます。首輪のバックルをつけた時，それぞれのパイプが向き合うよう

153

切り取ります。

プラスチック製
ケーブルストラップ

ゴム製の燃料パイプ

ワッシャー

ワッシャー

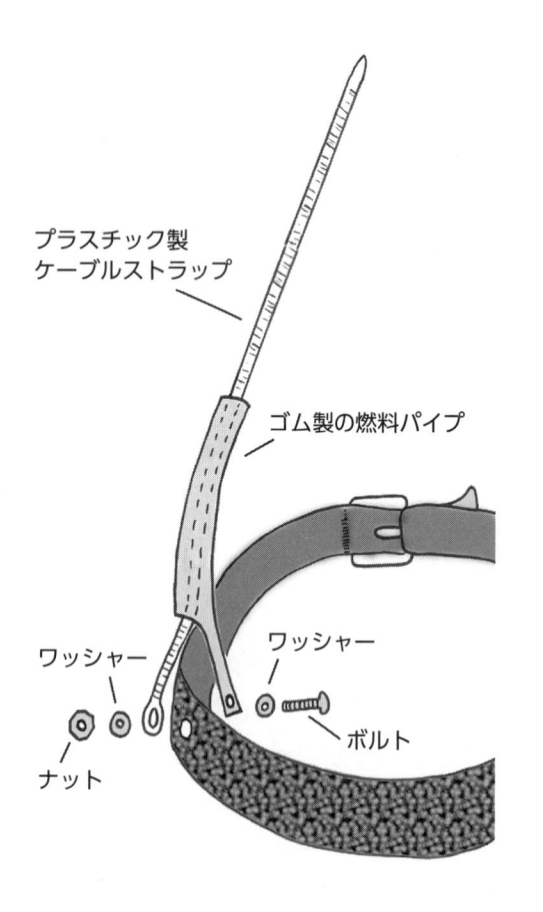

ボルト

ナット

にしてください。

　ボルト，ワッシャー，ナットでこれらを固定します。ボルトは頭が首輪の内側に，ナットが外側にくるようにしてください。ボルトの余分な部分は切り取り，やすりをかけてなめらかにします。プラスチック製の"杖"が犬の鼻から3インチ（約7cm）ぐらいの長さになるように切りましょう。

　犬はこのような"杖"で壁や床の上をたどり，歩行の補助にすることを学びます。それでも，2本の"杖"の間におさまってしまうような細い障害物にはぶつかってしまいます。より完全な保護には，ヘイローやフープが必要でしょう。

ヘイローとフープ

　犬の胸の前に突き出るヘイローやフープを考案した飼い主さんもいらっしゃいます。革製のハーネスか布のベストにつけます。ベストは小型犬に向いています。この後の説明を読み，あなたの犬，

第13章 白杖やその他の道具

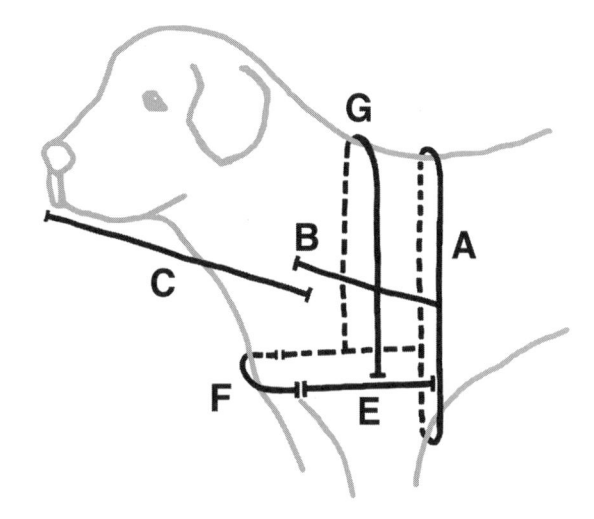

環境，あなたの仕立ての腕に照らし合わせ，あなたの犬にはどのデザインが適切かを決めるとよいでしょう。

■ **ハーネスをつくる**

以下のサイズを測ります。

(A) 犬の胴回り。前肢のすぐ後ろの所で測ります。

(B) 首のつけ根から胴（前肢のすぐ後ろ）までの長さ。

(C) 首のつけ根から鼻までの長さ（右上の図にあるその他のサイズについては後半で説明します）。

以下のものを購入します。

- フープあるいはヘイローの形をつくるための柔軟性のある素材：アルミ板[幅1インチ（約2.5cm）×1／厚さ16インチ（約40cm）]。金物店あるいはホームセンターで入手可能。
- 4組のボルト[3/16インチ（約5mm）×1/4インチ（約6mm）]とナット，ワッシャー8個。
- 革のハーネス：革が望ましいですが，ドリル穴の所にワッシャーをつければナイロン製のウェブハーネスでも大丈夫でしょう。(A)のサイズを参考に適切なサイズのハーネスを買

失明したボストン・テリアの"アクセル"。キャシー・ステファンコさん提供。

いましょう。

アルミ板は，犬の頭の前に円形の囲いをつくり，かつ身体の両側でハーネスにつく横の部分をカバーするのに十分な長さが必要です（写真を参考にしてください）。ある飼い主さんは，「(B)の2倍と(C)の4倍を合計すると必要な長さになる」と言っています。長さを単純に"目分量"で決め，カットして調整する飼い主さんもいます。大型犬にはより長いアルミ板が必要でしょう。たとえば，ラブラドール・レトリーバーなら54インチ

155

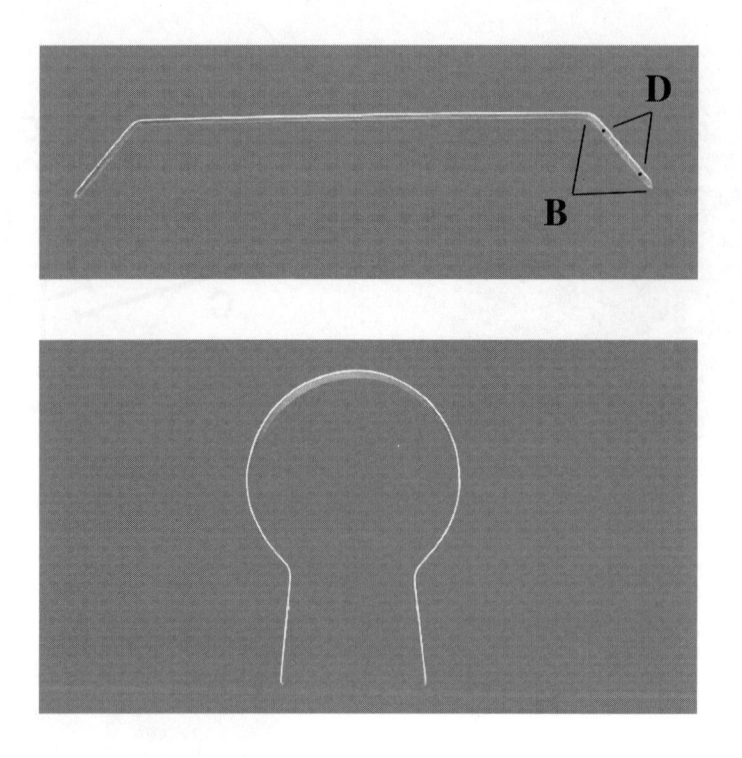

(約 1.4m)の長さが必要です。

　アルミ板の両端に穴を 1 つずつあけます。ボルトより若干小さい穴でないといけません。アルミ板の端から 1/3〜1/2 インチ（約 8.5mm〜1cm）の所がよいでしょう（大型犬には端からの距離を多めにとります）。

　犬にハーネスをあて，2 本の縦ひもの間の長さを測ります（D）（155 ページの中央右の写真を参考にしてください）。アルミ板の最初の穴から（D）の距離をあけた所に 2 つ目の穴をあけます。アルミ板の端はブリキ鋏，電動やすり，紙やすりなどで角を丸くしておきましょう。そうすれば，アルミ板の鋭い先端が犬の身体を突いてしまうことを防げます。

　ハーネスを取り，（最も）前にくる縦ひもにのみ，穴をあけます。穴はひもの下の方にあけるとよいでしょう（高すぎるとフープが垂れ下がってしまいます）。

　アルミ板の両端から（B）の長さを測って印をつけます。この長さが犬の身体の横にくることになります。（D）の長さよりは長くなります。印をつけた所でアルミ板を 45°の角度に曲げましょう。

　次に，アルミ板を曲げて中心の輪の部分をつくります。その後，横の部分のカーブを調整し，適当な角度で犬につけられるようにしましょう。

　ボルト，ナットとワッシャーで，ハーネスの前側の縦ひものみにフープをつけます。ハーネスをもう 1 度犬につけ，犬の眼，鼻と同じくらいの高さまでフープを持ち上げます。ハーネスの後方の縦ひも上のアルミ板の端の穴がくる所に印をつけます。

　ハーネスを取り，印をつけた所に穴をあけます。ボルトのなめらかな方が犬の身体にあたるよ

第13章　白杖やその他の道具

シェリ・バーガートさん提供。

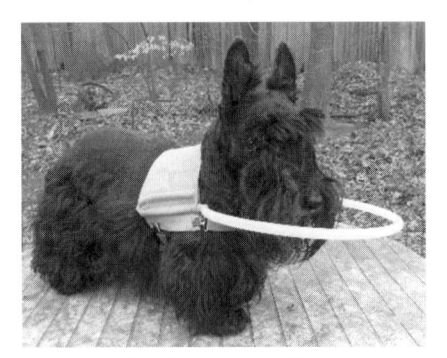

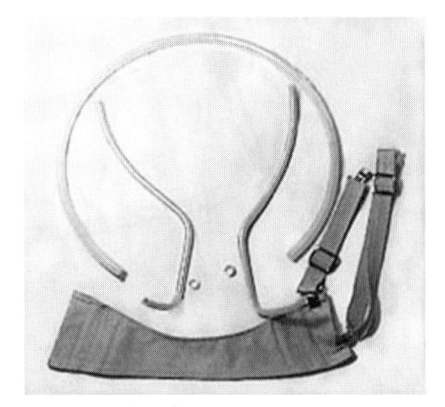

シェリ・バーガートさん提供。

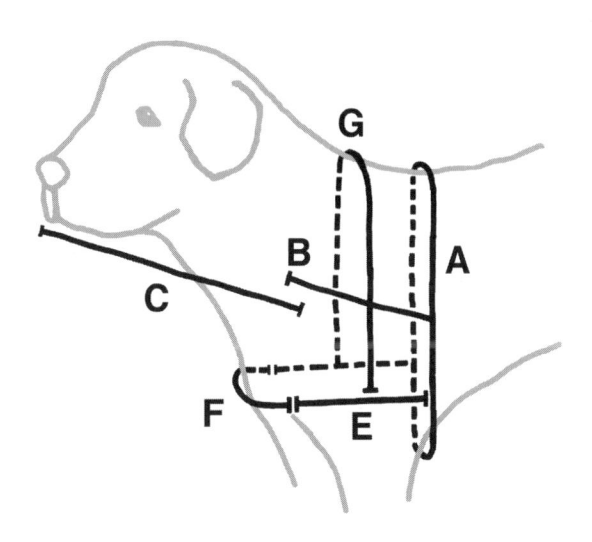

うにします。ボルトの余分な部分は削り，やすりで先をなめらかにしましょう。

■**布のベストをつくる**

布のベストは小型犬向きです。大型犬では長い管が必要なため布のベストでは支えられないからです。布のベストも売られていますが，カスタムメイドの手づくり品であることが多く，順番待ちリストができている場合もあります。仕立ての経験がある飼い主さんなら，自分でつくることもできるでしょう。

次のものを購入してください。
- 練習用および型取り用の安価な生地
- 仕上げ品に使う丈夫なデニムの生地
- サスペンダークリップ4個またはベルクロ4カ所分
- ポリエチレンホース
- ポリエチレンホースの中にうまく入る太さのアルミ管[犬の大きさによりますが，通常は2～4フィート（約60cm～1.2m）]
- 中程度のゲージのワイヤー[2フィートぐらい（約60cm）]

布のベストをつくるには，前に測ったサイズの他にもう3カ所のサイズを測る必要があります。胴から腕の前方までの長さ(E)，前胸の幅(F)，肩関節からき甲を通ってもう一方の肩関節までの長さ(G)です。

ベストは基本的には肩から肩までを覆う布の帯で，胸の下と前をそれぞれ固定します。まずは安価な生地を使い，練習として，測ったサイズをふまえて型を取ってみましょう。胸の前の帯ひもは(E)＋(F)＋(E)の長さになります。胸の下にくるもう1本の帯ひもは(A)－(G)の長さです。

帯は両端が少し幅広に，中心がやや細くなるようにします。これで帯が肩や首輪の邪魔になりません。ひもはベルクロ，スナップボタン，またはサスペンダークリップでとめましょう。犬の身体

終わる側

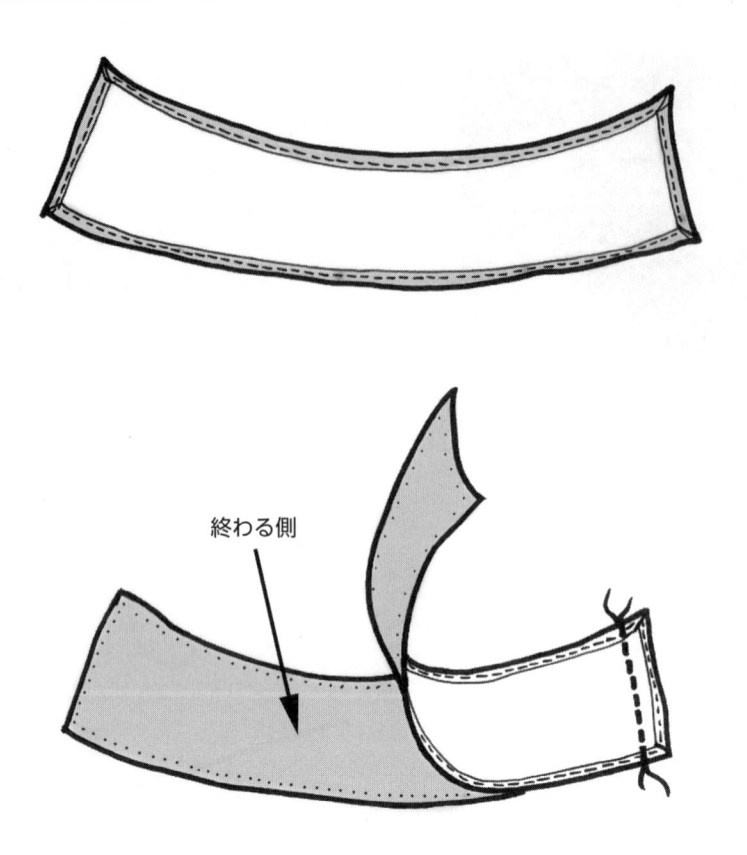

に合わせてベストを調整しやすいように左右両端でとめるようにします。

型ができあがったら，デニム生地にうつしましょう。ぬいしろの分を含めましょう。ベストは布を2枚重ねにしますので，型取りは2度行います。ひもは，写真のようにウェブベルトに使われる帯ひもを使うとよいでしょう。

2枚のベスト生地の縁を縫います。

縁縫いをした方を表にして2枚を重ね，短い縦のラインのみ縫い合わせます。裏返して本来の表を外側にします。ベストを犬の肩の上に置き，長い直定規を使ってヘイローがくる鼻の高さの所に印をつけ，この部分を1列縫います。この1列を含め，最終的には同じような縫い目を4列つくります。これらの縫い目はヘイローをベストにつけるための溝になります。

最初のラインから1/2インチ（約1cm）ぐらい上に2番目の列を縫い，溝をつくります。この溝にポリエチレンホースが入りますので，そのために十分な幅がないといけません。ホースが溝に入ることを確認するため，ホースを最初の縫い目の近くに置いて布をかぶせ，2番目の縫い目をつくる所に印をつけましょう。

最初の溝と2番目の溝は少し間をあけてください。3番目，4番目の列を縫って2番目の溝をつくりますが，ベストの縁まで縫ってしまわないようにしましょう。これはベストの縁でホースが少しカーブしてもうまくおさまるようにするためです。最後に，ベストの長い辺を縫います。ただし，溝の所は縫わずにあけておきます。

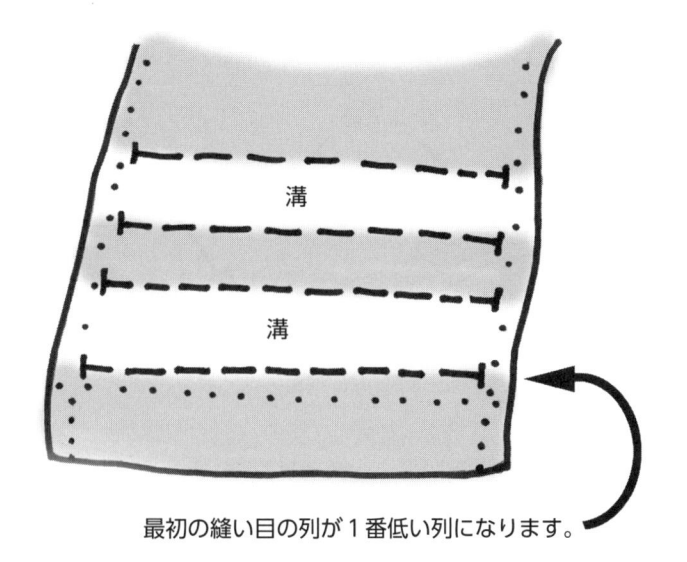

第 13 章　白杖やその他の道具

最初の縫い目の列が 1 番低い列になります。

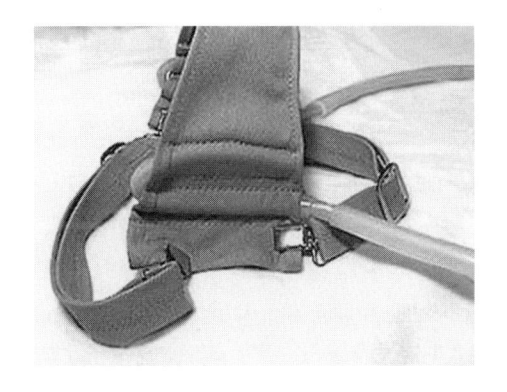

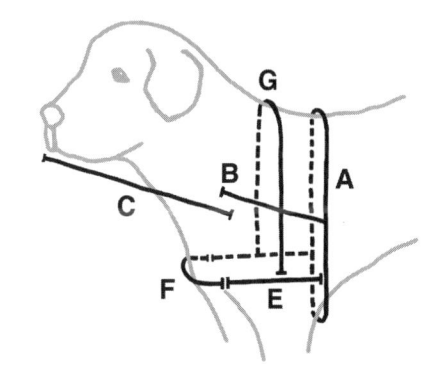

　ヘイローの部分と，折り曲げてベストの溝に入れる横の部分を考え，十分な長さのポリエチレンホースを購入してください。(C)の 2 倍と(F)の 4〜5 倍を足せばほどよい長さになります。いろいろ試してみましょう。最終的には，ヘイローは鼻の前の 3〜4 インチ(約 7〜10 cm)の所までくる必要があります。

　イラストを参考に，アルミ管をカットして 2 本の"くい"をつくります。これらの"くい"は，ポリエチレンホースのベストの溝におさまる所と輪の根元を補強するためのものです(ヘイローの前の部分には柔軟性が欲しいので，アルミ管の補強は不要です)。

　アルミ管の"くい"は，ベストの下側の溝，つまり犬の横にくる(E)の部分と，ヘイローの先端までの 1/4〜1/3 の所までをカバーするのに十分でないといけません。ポリエチレンホースだけになる部分を手元に少し残し，ホースの中にアルミ管を押し込みます。ベストの上の溝の長さが，ポリエチレンホースだけの部分として残さなければいけない，おおよその長さになります。

　最後に平均的な重さのワイヤーを 8〜12 インチ(約 20〜30 cm)の長さにカットし，ポリエチレンホースの中に入れます。ワイヤーも一部をアルミ管の"くい"の中に入れ，アルミ管がベストの中でねじれないようにします。できあがったワイ

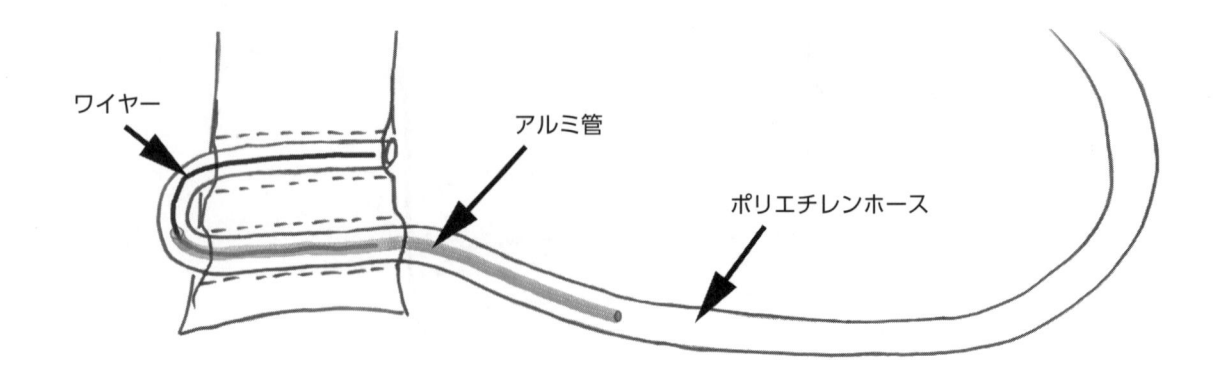

ワイヤー　　　　　　アルミ管　　　　　ポリエチレンホース

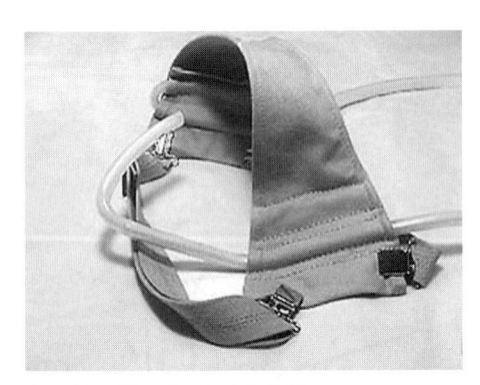

シェリ・バーガートさん提供。

ヤー／アルミ管入りポリエチレンホースを，下の溝に押し込みます。溝の尾に近い側にポリエチレンホースを少し残し，残した部分を上の溝に入れます。ホースがベストから前に突き出る所はホースを外側に曲げ，ヘイローの輪をつくります。サスペンダークリップ，ベルクロをつけて留めましょう。もっとしっかりしたヘイローが必要な場合は，アルミ管のくいを長めにし，上下両方の溝にアルミ管のくいが入るようにしてみましょう。

フープとヘイローを使う訓練

フープやヘイローをお使いの飼い主さんは，これらの道具は飼い主さんの目の届く所で使うのがよく，また慣れない所に行く時に効果的だと言います。飼い主さんの見ていない所では，失明した犬はフープやヘイローを家具や茂みに引っかけて動けなくなってしまうことがあります。また，多頭飼いをしている場合，他の犬がこうした道具をおもちゃだと思ってしまい，失明した犬を不適切な綱引きゲームに引っ張り込んでしまうこともあります。

ベストやハーネスは徐々に犬に慣らしましょう。最初はつけたらすぐはずします。つけても平気でいられたら，「ゆっくり」の訓練をしましょう。手をフープに置いて軽く力をかけ，「落ち着け」の号令をかけます。犬がペースを落としたらほめてあげましょう。何カ月か時間をかけて，ベストやフープを通して力を感じたらペースを落とせばよいのだということを，犬に学習させましょう。

犬の動きをよく見てください。つけたまま完全に自由にさせてはいけません。中には障害物や他の犬を押しのけるのにフープを使おうとする犬もいます。最初のうちは不安を感じたり怖がってしまったりする犬もいます。

大型犬の飼い主さんは，フープは家の中での使用にはあまり適さないと話してくれました（残念ながら，フープの高さがちょうどコーヒーテーブルの上のものを倒してしまう所にきてしまうそうです）。しかし，家の外や，公園でのハイキングなどの慣れない所では，とても役に立っているそ

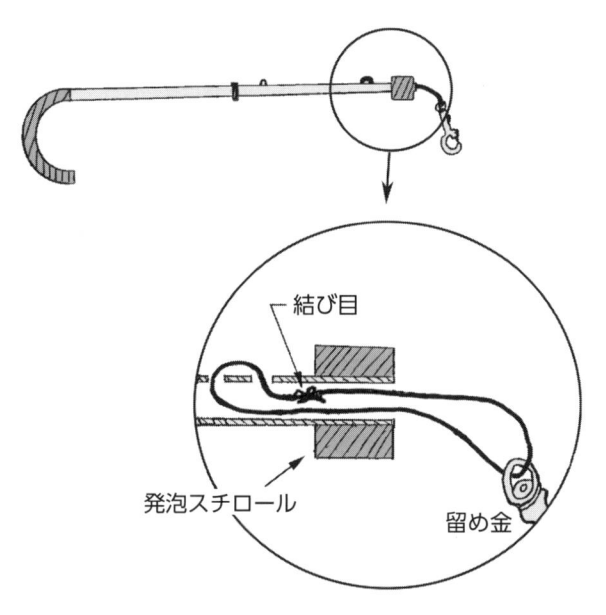

ある飼い主さんはアルミニウムの歩行用杖を使って犬を誘導しています。

うです。

白杖

慣れない所ではパイプつきリードも役に立ちます。パイプの横に「失明した犬」のマークを入れ，動物病院，ペット美容院，その他の公共の場で犬を誘導するのに使いましょう。

第14章　視覚障害と聴覚障害のある犬

　犬はさまざま理由で難聴になります。その原因には遺伝的要因，頭部外傷，慢性感染症，それに老化などが含まれます。また，突発性後天性網膜変性症（SARD）に罹患した犬は，性ホルモンの増加により一時的に難聴になる可能性があります。

　聴覚を完全に失ってしまう犬もいますし，いくらかは残る犬もいます。聴覚が残っている場合はオーブンのタイマー，汽笛，あるいは他の犬の吠え声などの音にはまだ反応するかもしれません。自分の犬の聴覚がいくらか残っているのかどうかは，異なるピッチの音を使って，あなたご自身が家で試してみることができるでしょう。

　かかりつけの獣医師や専門の獣医師に診断してもらうこともできます。治療可能なケースもあります。慢性的な耳の感染症を治すことやホルモンバランスの改善が，聴覚の改善につながることもありますし，補聴器や外科的処置によって改善することもあります。

　難聴がはじまって間もない頃は，視覚を失った時と同じような行動の変化が見られるかもしれません（沈うつや攻撃性）。生まれつき視覚も聴覚もない犬は，他の犬よりも不安定に鳴くことがあります。

　あなた自身も喪失感を感じるかもしれません。犬は群れのリーダーであるあなたからいろいろなことを感じ取ることを覚えておいてください。あなたの期待値が低ければ，犬が充実した生活を送る可能性も低くなってしまうのです。

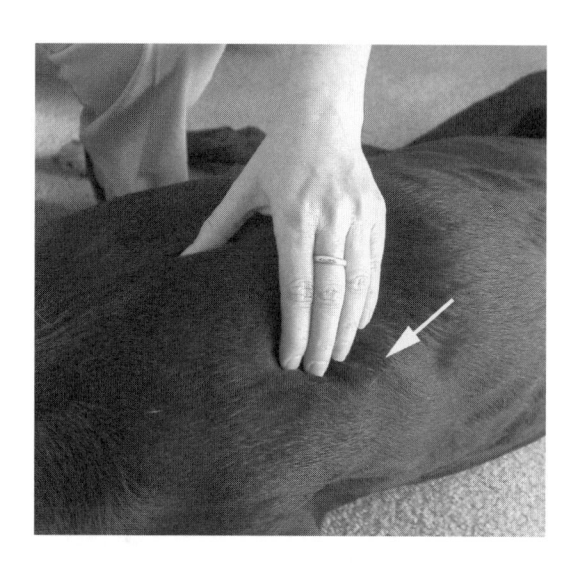

　しかしながら，視覚も聴覚も失ってしまった犬の訓練には独特の難しさがあります。彼らは視覚的な合図にも言葉による号令にも頼ることができないのです。こうした犬とのコミュニケーションには，触覚を利用する合図であるバイブレーションや，香りの合図を使うことになります。

　この章を読んで，あなたはどういう合図を使い

失明したグレーハウンドの"ブーマー"。
ローレン・エメリーさん提供。

たいかを決めてください。犬に日常的に話しかけていることをリストにしましょう。たとえば，トイレのために外に出たいか，散歩に行きたいかなどを聞くときがあるでしょう。また，食事の準備ができたこと，抱き上げようとしていることを伝えたり，よい子だとほめてあげたりすることもあるでしょう。

触覚を使う合図

　視覚も聴覚も失った犬と暮らすために必要な，基本的なことがいくつかあります。まず，より身体的に関わることが必要です。タッチ（触れること）によって伝えられる合図や号令はたくさんあります。小型犬の場合は，コミュニケーションを円滑にするための訓練用の棒を家のあちこちに用意しておきましょう。

　1つひとつのメッセージに，特定の合図を決めましょう。毛を逆立てるように撫でる，あるいは首のあたりを抱いてあげることは「グッド・ドッグ！（よい子ね！）」の合図になるでしょう。頬のあたりをゆっくり撫でてあげれば，「大丈夫よ」と言われているように感じ，安心感を与えられるでしょう。背中に手をあてて「止まれ」の合図にしてもいいですね。身体の横をやさしくたたくのは「そこを通らなければならないので横によけて」の合図，胸を軽くたたくのは「降りなさい」の合図になりますね。「上がりなさい」は首輪をやさしく上に引くことで伝えられるでしょう。

　合図を教える時は，毎回同じ所を同じように触りましょう。合図が一貫していれば，犬が驚くのを最小限に抑えることができます。あなたの犬が特に驚きやすい場合は，床を踏み鳴らしたり，毛に息をふきかけたり，犬に触れる前に手のにおいを嗅がせてあげたり，あるいはそれらの合図を組み合わせたりするとよいでしょう。起こす前には毛布や寝具の端をちょっと引っ張って合図をしてあげましょう。

バイブレーションによる合図

　バイブレーションによる合図は，犬が離れた所にいてすぐに行って触れることができない時に便利です。犬をあなたの所に呼び寄せたい時，あるいは何らかの行動をやめさせたい時に使えます。床を踏み鳴らしたり，テニスボールを弾ませたりすることもバイブレーションです。小さなラジオやメトロノームを下向きに床に置いてもよいでしょう。

■バイブレーション・カラー

　ハイテクを使った犬とのコミュニケーションに興味がある場合は，バイブレーション・カラーの購入を考えてもよいでしょう。これは狩猟犬やオビディエンスの訓練に使われる電気ショックカラーとは別なものです。実際，誤って意図せずに罰を与えてしまうようなことを防ぐには，電気ショックのオプションがついていないバイブレーション・カラーが最適です。

　いくつか異なるモデルのものが販売されています。ふらふらとどこかに行ってしまう犬の居場所

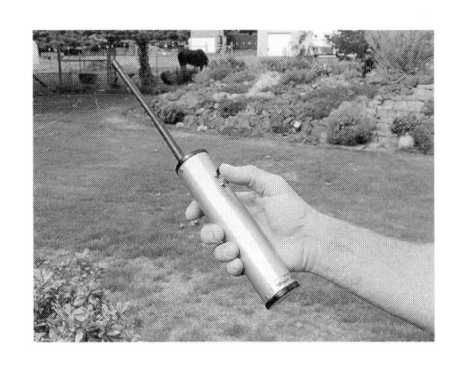

第 14 章　視覚障害と聴覚障害のある犬

を確認するのに特に役立つものもありますが，大体のものはあなたが犬とコミュニケーションを取るのに使えます。

基本的にはすべて無線システムで，発信機と受信機があります。首輪に布の袋や小さなプラスチックの箱がついていて，その中に電池式のバイブレーターと受信機が入っています。

携帯用の発信機が首輪に信号を送りますので，バイブレーション・カラーとその振動に犬を慣らすようにしてください。

タッチ（触れること）による合図と同様に，さまざまなバイブレーションで異なるメッセージを伝えることができます。短いバイブレーションを何度も繰り返すのは「待て」や「止まれ」の合図になるでしょう。少し長めのバイブレーションが 1 回だけの場合は「座れ」や「じっと」の合図に，連続的なバイブレーションを送る場合は「合図がやむまで私を捜しなさい」（つまりは「戻れ」）の合図になるでしょう。訓練次第で 100 フィート（約 30 m），あるいはそれ以上離れた犬とコミュニケーションを取ることが可能になるでしょう。

機械に精通した飼い主さんの場合は，自分仕様の首輪をつくることもできるでしょう。安くてリモコンつき（無線）のおもちゃの車を買いましょう。スイッチが入らない限りは「オフ」の状態を維持するタイプのものを探してください（中には常に「オン」の状態で，スイッチを入れると車がバックするタイプもありますが，このタイプはあまり適切ではありません）。基本的な機能に限られているものの方が，費用対効果が高いといえます。模型材料店でも必要な部品が手に入るでしょう。

車を分解して電子部品を見つけます。多くの場合，電池，電子部品と On ／ Off スイッチがプラスチックケースに入っています。車から電子部品を取り出しましょう。

次にモーターを探して取り出しましょう。小さいワッシャーまたは金属の小片をモーターのシャフトに接着（エポキシ樹脂による接着）させます。これによりモーターのバランスが崩れて振動します。金属片が大きいほど振動も大きくなります。さまざまな大きさの金属片をテープでシャフトにとめてみて，効果を確かめましょう。

モーターを防水性のナイロンの袋もしくは中身を取り出したフィルム容器に入れます。隙間には紙かバブルシートを詰めてください。丈夫な糸かテープで電子部品を首輪につけます。アンテナを首輪に固定し，障害物に巻き込まれないようにしましょう。

視覚，聴覚を失った犬の訓練

　視覚を失った犬と聴覚を失った犬とでは異なる合図が使われますが，訓練の基本コンセプトは同じです。

・フードを使って犬にしてほしいことを伝える。
・メッセージを伝えるための合図には一貫性を持たせる。
・犬がスキルを身につけたらたくさんほめる。

第 14 章　視覚障害と聴覚障害のある犬

スイッチを押してバイブレーションの合図をオンにしましょう。同時にトリーツを使って犬をあなたの方に誘導しましょう。

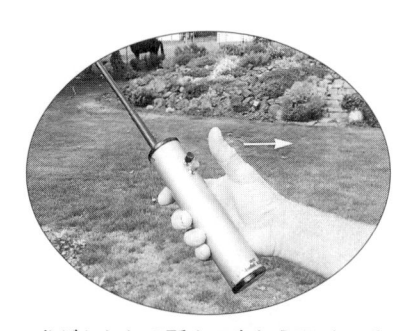

犬があなたの所まで来たらスイッチを放し，バイブレーションの合図をやめます。最終的に，犬はバイブレーションがやむまであなたを捜し続けるようになります。

　犬をやさしくたしなめなければならない時は，水入りのスプレーボトルを使って水をスプレーしましょう。

　「戻れ」を教えるには，次のステップを踏みます。まず3～4回，足で床を踏み鳴らします。

　犬の所に行って，犬の鼻の下にトリーツを持っていきましょう。まだ食べさせてはいけません。足を踏み鳴らした所までそのまま犬を誘導し，そこでトリーツをあげます。

　いつも同じ所で犬を呼ぶ（床を踏み鳴らす）とよいでしょう。犬が中々あなたを見つけられるようにならない場合は，決めた場所までカーペットランナーあるいは香りの指標を塗布するとよいでしょう。

　犬と少し距離を置いて「戻れ」を教えるにはバイブレーション・カラーを使います。すでに説明した連続的な音のかわりに，連続的なバイブレーションを使います。犬が近くまで来たら合図をやめ，思いきりほめてあげましょう。

バイブレーション・カラーは，ケガを防ぐために止まること，待つことを教えるのにも使えます。ただし，連続的なバイブレーションの合図を使った「戻れ」とは合図を変え，「止まれ」や「待て」は1回か2回の短い合図で教えましょう。これを教えるにはさらにもう1人の助けが必要になるかもしれません。1人が止まるための身体的な合図（胸を押さえるか首輪を後ろに引く）を出し，1人はバイブレーションの合図を出します（1回か2回の短いバイブレーション）。

家の中，庭をマスターする

ここまでの章では，香りの指標や触覚を利用した専用の通路は，犬のメンタルマップができあがったら取り去っても大丈夫だと説明しました。視覚と聴覚の両方を失ってしまった犬の場合は，これらの指標は犬の生涯にわたってそのまま使い続けるのがよいでしょう。

第14章　視覚障害と聴覚障害のある犬

　香りの指標は障害物を避けたり，庭へのドアなどの重要な所を見つけるのに使いましょう。群れの他の犬の首輪にも香りの指標をつけましょう。庭では香りのある鉢植えの花や，新鮮なバークチップを使った通路を使って，助けてあげましょう。

　リードをつけて歩くことや新しい所を歩き回るのを躊躇する犬の場合は，ピーナッツバターをつけたスプーンのテクニックを使いましょう。

　小さなラジオやメトロノームを，表を下にして床に置けば，水の容器などの重要な場所を見つけたり，コーヒーテーブルなどの障害物を避けたりするのに役に立つでしょう。

視覚と聴覚を共に失った犬とのゲーム

　犬用のボールとその他のおもちゃに香りの指標をつけましょう。犬の身体や首に沿ってボールを滑らせたり転がしたりして，犬に遊びの時間だと合図をしましょう。ボール遊びをする場合は壁の

169

ある小さな部屋に移動しましょう。そこでボールを壁に向かって転がします。壁にあたったボールがそっと犬の方に転がり戻るようにしてください。犬はボールを感じることで見つけることができるでしょう。

トラッキングは視覚と聴覚を共に失ってしまった犬にとってすばらしいゲームです。老犬の場合は，ホットドッグやチーズなどのにおいの強い食べ物をトリーツにしましょう。支配性の問題がない犬であれば，引っ張りっこもよいでしょう。

頻繁に散歩に連れ出すことは，視覚・聴覚を失った犬にとってよいことです。いろいろなにおいが刺激になるでしょう。出かける時は，リードのにおいを嗅がせて散歩に行くという合図をします。帰りも来た道をたどれば，犬はにおいで分かるでしょう。

噛むおもちゃや骨も視覚・聴覚を失った犬によいでしょう。安全にできるものを，犬に与えましょう。

マッサージも，犬があなたや自分の環境とのつながりを維持するのによいでしょう。

あなたの犬がトイレに行く時のサインが分かりにくい場合は，ドアノブに鈴をつけるとよいでしょう。第15章で説明するトイレトレーニングの方法を参考にしてください。犬をドアの所まで連れて行き，前肢を上げて鈴を鳴らさせ，トリーツをあげてほめ，それから外に出すようにしましょう。もちろん，犬には鈴の音は聞こえませんが，あなたには聞こえるので，犬がトイレに行ったことが分かるのです。

第15章　生まれつき眼の見えない犬

　眼が見えずに生まれてきた犬は，動物愛好家から特有の反応を引き出します。一生，決して眼が見えることはないということは，とても悲しいことであり，可哀そうに思うのです。しかし面白いことに，生まれつき眼が見えない犬こそ充実した一生を送ることができるのです。見えるということがどういうことかを知らないので，彼らにとって視覚は重要ではないのです。視覚のない子犬は眼が見えないことの自覚がありません。これまでに説明したゲームや訓練が，生まれながらに眼の見えない犬にも応用することができます。彼らの一生のどの段階でも役に立つのです。この章では特に，子犬の時に問題となることに焦点をあてて説明します。

視覚のない子犬の行動

　視覚のない子犬は特有の行動を見せます。ある飼い主さんは，眼の見えない彼女の犬がヤギのように他の犬に体当たりして遊ぶさまを説明してくれました。自分の犬は音を聞く時に頭を後ろに傾けて左右に振るのだと話す飼い主さんも何人かいます。

　また，別の飼い主さんはメンタルマップをつくるための面白い行動に気がつきました。その飼い主さんの子犬は，部屋の中で少しずつ円を大きくしながら同心円を描くように動き回るのです。そっと家具にぶつかり，家具と家具の間のスペースを確かめます。家具の配置を覚えると，その行動はやんだそうです。

失明したボーダー・コリーの"ドッティー"。
コニー・ザモーラさん提供。

　犬が若いうちは，トレーニングは毎回短時間で終えるようにしましょう。眼の見えない子犬にも，群れの他の犬と同じマナーを教えなければいけません。可哀そうだからといって反抗的になるのを許してはいけません。あなたを引っかいたり噛んだりすることも許してはいけません。水の入ったスプレーボトルを使うか，大きな声で「痛い！」と言うことで，そういう望ましくない行動をやめさせましょう。そして，噛むおもちゃなどをすぐあげて，「噛んでよし」と言いましょう。噛むおもちゃは家のあちこちに置いておくとよいでしょう。

視覚のない子犬のトイレトレーニング

　最もうまくいきやすいトイレトレーニングの1つに「クレート・トレーニング」があります。これは巣穴で休む動物としての犬の習性を利用したものです。犬は自分が寝る場所を排泄物で汚さないものです。子犬は頻繁に休む必要があり，クレート・トレーニングはいくつかの意味があります。

　子犬にクレート・トレーニングをするには，まず犬用のクレートを買うか，あるいは借りましょう。大型犬なら大人になっても入れるサイズのクレートを購入し，ダンボールかプラスチックのバスケットを奥半分のスペースに入れます。はじめのうちは子犬が休める程度の広さがあればよく，大きすぎないことが重要です。大きすぎると，子犬はクレートの中で寝るスペースを確保しながらも，クレートの他の場所で排泄することができてしまいます。

　トリーツで誘導してクレートの出入りをさせながら子犬をクレートに慣らしましょう。次にトリーツをクレートの入口から数インチ（センチ）入った所に投げ，中に入って食べるように促しましょう。入ったらクレートのドアをほんの数秒だけ閉め，また開けてトリーツをあげましょう。これでクレートは怖い場所ではないということを子犬に教えるのです。

　ほとんどの場合，犬はクレートの中で安心した様子を見せますが，中にははじめて入れられた時に鳴く子犬もいます。眠たそうにしていてすぐ寝そうな時にクレートに入れるようにしましょう。また，噛むおもちゃやピーナッツバター入りのコングを一緒にクレートに入れるとよいでしょう。

■**クレート・トレーニングのスケジュール**
　子犬をクレートで一晩寝かせます。

第 15 章　生まれつき眼の見えない犬

AM7：00：子犬をクレートから抱いて出し，そのまま抱いて庭に連れて行きます（抱かずにドアまで誘導しようとしたら，おそらく途中で排泄してしまうでしょう）。外でオシッコをしている間に「急いで！」や「トイレ」の号令を出し，終わったらすぐトリーツのごほうびをあげましょう。この時，排便をすることもあるかもしれません。

AM7：05～7：15：朝ご飯をあげ，食べ終わったらもう1度外に連れて行って排便をさせます。排便をしたらごほうびをあげましょう。

AM7：15～8：00：排便ができたら，見ていられる所で少し自由にさせてあげましょう。料理をしながらキッチンで遊ばせてもよいでしょう。勝手にその場を離れて家のどこかでケガをしたりしないように，囲いの中に入れておきましょう。少し遊ばせた後で，あるいは子犬がぐるぐる回りはじめたら，もう1度犬を外に連れて行きます。号令をかけ，排便をしたらほめ，クレートに戻して一眠りさせましょう。

AM8：00～9：00：疲れていれば子犬は寝ているでしょう。この時間を利用して他のことや他の犬の世話をしましょう。

AM9：00（あるいは子犬が起きた時）：外に連れて行ってオシッコをさせましょう。

犬は通常寝て起きた時，遊びの後，それから食事の後に排泄します。排泄の号令をかけて促してもしない場合はクレートに戻しましょう。

日中はここまでのサイクルの繰り返しです。外で仕事をしている場合は信頼できるご近所の人，あるいは友人に家に来てもらい，子犬の出し入れをお願いするとよいでしょう。子犬はせいぜい1時間ぐらいしか膀胱にオシッコをためておけません。6カ月経てば数時間は我慢できるようになります。日中子犬を外に出してトイレをさせる人がいると，トイレトレーニングがうまくいく可能性が高くなります。

失明したプードルの子犬の"スヌーカー"。ジョン・ウィルマースさん提供。

犬が自分で庭まで行けるように工夫してあげれば、さらにうまくいきます。庭まで触感を利用した犬の通路をつくってあげたり、ドアや通路に香りの指標をつけたり、ドアの近くにラジオを置いたりするとよいでしょう。犬が外に出してと訴えているのにあなたが気づきそびれてしまう場合は、犬用のドアをつけてあげるか、あるいはドアノブに鈴をつけて、外に出たい時には鈴を鳴らすようにしつけましょう。前肢を上げて鈴を鳴らさせ、トリーツをあげ、それから外に出すようにします。

視覚のない子犬の社会化

安全性に関わる（障害物を避けるなど）例外的な場合を除き、視覚のない子犬も他の子犬と同じように育てるべきです。子犬が新しい音を聞いたり新しい環境で子どもや他の犬と触れ合ったりすることはとても重要です。犬の幼稚園に連れて行って自信をつけさせましょう。

家に年上の犬がいる場合は、子犬がどのように接しているかを観察しましょう。年上の犬が優しくたしなめているのに子犬が気づかず何も反応しなければ、攻撃性に発展してしまう可能性があります。これは、子犬には他の犬のボディランゲージが見えず、自分へのメッセージを理解できないために起こってしまうことです。そういう場合は、年上の犬に子犬から解放される時間をつくってあげるとよいでしょう。

第16章　今日の犬たちと視覚

　医学の研究により，生活習慣が健康に及ぼす影響，もっと具体的に言えばライフスタイルと疾病の因果関係について，次々と新しいことが発見されています。疾病の原因となり得る要素はいくつかあり，眼の病気につながることもあります。ストレス，遺伝，化学物質にさらされることなども要因になり得ます。

　今日の犬がかつてないほどに化学物質や身体的なストレスにさらされているということは，厳然たる事実といえるでしょう。

　ストレスを精神的な問題だと考える人は多いと思います。しかし，それとは異なるタイプのストレスもあります。慢性的刺激は非常に有害なストレスです。犬の身体を解剖学的・生理学的に研究すれば，現代のライフスタイルがペットにとって慢性的刺激であることは，どんどん明確になっていくでしょう。特に，食事は第一の要因です。

食事

　市販されているペットフードはほとんどが穀物製品です。生物学的観点から見れば，これは犬にとって適切ではありません。犬の栄養士によれば，犬の身体は穀類をうまく消化するようにはできておらず，穀類を多く含む食事により消化管に炎症が起こることがあるということです。慢性的な軽度の炎症があると脂溶性のビタミンおよび脂肪酸の吸収が低下してしまうのですが，これらの栄養素は網膜が正常に機能するために必要です。加えて，ヒトに関する研究により，穀物タンパク質と自己免疫疾患および内分泌疾患との関連が明らかになっています。

　加工度の高い食品には化学添加物が多く含まれています。染料，防腐剤，柔軟剤，安定剤，増粘剤，ベントナイトクレイ，香料，結合剤，乾燥剤，凝固防止剤などです。加工度の高い食品には新鮮な食材が含まれず，消化酵素をつくる膵臓に大きな負荷がかかります。これは膵炎，そして消化の遅れにつながる可能性があります。そうなると化学添加物が長く消化管にとどまり，さらに消化管に炎症を起こすことになります。これらのさまざまな添加物による炎症は，ストレスホルモンであるコルチゾールの産生を増加させてしまいます。

　慢性的なコルチゾールの産生は，最終的には副腎を疲弊させます。疲弊した副腎は，今度は過剰な性ホルモンをつくり出します。最も有害なのはエストロゲンで，網膜と視床下部などの脳の細胞膜を傷つけます。脳のこの部分は食欲，体温調節，情動行動の中枢であるため，性ホルモンが過剰な犬はしばしば空腹やのどの渇きを感じ，元気がなく，また暑さに耐性がないため，ハアハア息をしています。過剰なエストロゲンは不眠症，失禁，てんかんの原因となることもあります。また，脂肪を分解し，トリグリセライドとコレステロールの濃度を上げます。骨・軟骨からカルシウムを奪い，皮膚・肺・膀胱・角膜などの軟組織に堆積させてしまいます。さらには，免疫機能を低下させ，感染症の頻発を招くことにもなるのです。

　最近の研究では，ホルモンと遺伝病の関連が報告されています。ある種のホルモンが細胞膜を通

副腎疲労の兆候：
無気力，沈うつ，てんかん，肥満，不眠，失禁，カルシウム結石，肝酵素の上昇，腎疾患，心不全

免疫系の障害：
アレルギー疾患，慢性感染症，自己免疫疾患

消化器異常：
胃腸障害，膵臓炎，吸収不良

主要因：
市販のペットフードに含まれる化学添加物，殺虫剤，過剰なワクチン接種，遺伝的要因

過し，細胞内のDNAに影響を与え，それまで活動していなかったDNA鎖の一部を活性化させるのです。このようにして遺伝的疾病要質が発現するのです。

非常に多くの眼の病気，自己免疫・内分泌疾患には，遺伝的根拠があると考えられています。進行性網膜萎縮症(PRA)，原発緑内障，ぶどう膜皮膚症候群(UDS)もしくはフォークト・小柳・原田症候群(VKH)，1型真性糖尿病，乾性角結膜炎(KCS)，原発性てんかん，遺伝性白内障，網膜形成不全はほんの数例です。

ワクチンと化学薬品

刺激性の食事や遺伝的要因の他にも免疫系の障害の要因になると考えられていることがいくつかあり，過剰なワクチン接種はその1つです。年1回の予防接種は長年にわたり一般的なこととして行われてきました。これは繰り返し不必要に免疫反応を誘発し，コルチゾールの増加，そして後には性ホルモンの増加につながります。

近年，獣医師は毎年のワクチン接種を見直しつつあります。あなたの犬が成犬(年齢が3～4歳齢より上の場合)なら，これまで予防接種を受け

てきた病気については，すでに生涯にわたり有効な免疫ができあがっていると思ってよいでしょう**（監訳者注：地域や病原体の差などにより必ずしもそうでない病気もあるので，ワクチン接種に関してはかかりつけの獣医師とよく相談する必要があります）**。

化学添加物や殺虫剤も現代社会の要素といえます。ペットに使う殺虫剤のほとんどは神経毒です。虫を殺すために神経細胞の機能を傷つけているのです。ほとんどの殺虫剤が脂溶性でもあり，網膜の細胞膜のように脂質含量の多い組織と親和性があります。事実，網膜には化学物質が蓄積しやすいのです。

別のアプローチ

飼っている犬が失明してしまった場合，従来の治療（投薬，外科的処置や訓練など）を続けるかたわら，より自然なライフスタイルを提供してあげることにも意味があるでしょう。大事なことは，次の3つです。より健康によい食事を与えること，過剰なワクチン接種を避けること，そして犬が直面する化学的負荷を減らすことです。これらは，炎症を減らし，副腎への刺激を最小限にし，健康状態の改善と寿命を延ばすことにつながる，健全かつ妥当な考え方なのです。

最後に

　この本のすべてを読んでもなお，ストレスを感じることもあるでしょう。それは極めて正常なことです。最後に，以下の言葉があなたへの励ましになれば幸いです。

　経験を積んだドッグトレーナーによれば，以下のことはすべて，誰もが経験することです。

- 訓練がとてもうまくいってあなたの犬が進歩を見せ，あなたも幸せに感じることがあるでしょう。
- 訓練がうまくいかず何の進歩も見られないこともあり，そんな時はストレスを感じるでしょう（そんな時でも犬にあなたのストレスが伝わらないようにしましょう）。
- あなたが訓練でミスをすることもあるでしょう。
- あきらめてしまいたくなる時もあるでしょう。
- 難しいのでやらない，あるいは好きになれないのでやらない訓練もあるでしょう。

そして，追加したいことが1つあります。

- 辛抱強く挑戦し続けてください。あなたの犬にはあなたが必要です。飼い主さんは皆，繰り返し言います。犬が新しいスキルを学ぶのには時間がかかるのだと。

　この本に記した情報で，あなたは犬の行動とドッグトレーニングの理論についてかなり理解を深めることができるでしょう。その知識を使って，訓練を少し変えてみたりしながら，あなたと犬に合ったスキルをあなた自身が考案してみましょう。この本の情報は，そのための確かな基礎となるはずです。

ヒーロー犬 "ノーマン"

　最後に，実際にあった話を紹介したいと思います。

　1996年の夏はパシフィック・ノースウェストでもいつになく暑く，観光客も地元に住む人も同じように，岩だらけでいつもはあまり人がいないオレゴンの海岸地帯に集まっていました。あまりに暑いので，子どもたちが冷たい海に飛び込むほどでした。

　ネカニカム川が太平洋に注ぎ込む河口は，スイミングスポットとして人気がありました。広々とした川がとても魅力的な遊び場所になっていたのです。波が岩に砕ける他の場所とは違って，そこでは水面は穏やかです。しかし，実は穏やかな川の表面からは想像できない危険があったのです。この場所では，予想以上に強い流れができていたのです。

　イエロー・ラブラドールの"ノーマン"は，飼い主のアネッテとよくビーチまで来ていました。その日，アネッテはいつものように息子の世話をし，"ノーマン"は棒を口にくわえて陽気に海岸を走っていました。"ノーマン"も広々としたビーチが大好きだったのです。

　突然"ノーマン"がくわえていた棒を落とし，駆けていって水に入り，そのまま深い海に向かって一直線に泳ぎはじめました。アネッテは一瞬何が起こったのか分からず戸惑い，そして慌て出しました。"ノーマン"が何をしているのか，どこに行こうとしているのか，何より泳げるのかどうかさえ分からなかったのです！　何度も"ノーマン"の名前を呼びましたが，"ノーマン"はどんどん遠くに泳いでいってしまいます。

　その時，はじめてアネッテは別のことに気がつきます。楽しげな子どもたちの遊び声だとアネッテが思ったのは，実は助けを求める叫び声でした。ティーンエイジャーの女の子とその弟が水の中で遊んでいました。どちらもとても泳ぎが上手なのですが，ネカニカム川の強い流れは難しすぎました。男の子は何とか岸まで戻りましたが，女の子には助けが必要でした。

　ようやくアネッテは理解しました。"ノーマン"は女の子の声に差し迫ったものを感じ，助けようとして女の子の方に泳いでいるに違いありません。アネッテは女の子に叫びました。「犬は"ノーマン"というのよ！　犬の名前を呼びなさい！！」　女の子は犬が泳いで来るのを目にし，懸命に犬の名前を呼びました。

　"ノーマン"は女の子の声を追って彼女の所まで泳ぎました。女の子が"ノーマン"の首のあたりの厚い毛皮をつかみ，一緒に岸を目指しました。アネッテは安心してほっとため息をつきました。もう大丈夫だと思ったのです。ところが女の子の手が"ノーマン"から離れてしまい，女の子は見る見るうちに"ノーマン"から離されてしまいました。

アネッテがもう1度叫びました。「犬の名前を呼ぶのよ！ "ノーマン"よ！」 女の子が言われた通り，もう1度犬の名前を叫び，女の子と"ノーマン"は何とかお互いを見つけました。そして，何時間にも思われた時を経て，ようやくビーチにたどり着いたのです。

感動的で素敵なお話ですね。でも，この話には続きがあるのです。本当に驚くべきことに，"ノーマン"は，実は安楽死を予定されていた日の前日に，アネッテと夫のスティーブが保護施設から引き取った犬だったのです。もっとすごいことがあります。"ノーマン"は，実はその2年前から進行性網膜萎縮症(PRA)を患っていました。溺れ死ぬところだった女の子を助けた時，ノーマンは完全に視力を失っていたのです。

"ノーマン"の視力が低下しはじめた時，アネッテとスティーブは友人から"ノーマン"を安楽死させるべきだと言われました。そのアドバイスに従わなくて本当によかったと彼らは思いました。その日，その海岸で泳いでいた子どもたちの誰もが同じように思ったことでしょう。

失明した犬も，幸せに，そして意味のある一生を送ることができるのです。

失明したラブラドール・レトリーバーの"ノーマン"。アネッテ・マクドナルドさん提供。

参考文献

American College of Veterinary Ophthalmologists, *Ocular Disorders Presumed to be Inherited in Dogs*. West Lafayette: Canine Eye Registration Foundation, 1996.

Anderson, R., and Wrede, B., *Caring for Older Cats & Dogs*. Charlotte, VT: Williamson Publishing, 1990.

Bauman, D.L., *Beyond Basic Dog Training*. New York: Howell Books, 1991.

Blaylock, R.L., *Excitotoxins: The Taste That Kills*. Santa Fe, NM: Health Press, 1994.

Brooks, D.E., Garcia, G.A., Dreyer, E.B., et al, "Vitreous Body Glutamate Concentration in Dogs with Glaucoma," *American Journal of Veterinary Research*, 58(8): 864-867; 1997.

Carmody, R.J., and Cotter, T.G., "Oxidative Stress Induces Caspase-independent Retinal Apoptosis in Vitro," *Cell Death Differentiation*, 7(3): 282-291; March, 2000.

Claudio, L., et al, "Testing Methods for Developmental Neurotoxicity of Environmental Chemicals," *Toxicology and Applied Pharmacology*, 164(1): 1-14; April, 2000.

Collin, P., Kaukinen, K., Valimaki, M., and Salmi, J., "Endocrinological Disorders and Celiac Disease," *Endocrine Review*, 23(4): 464-483; August, 2002.

Councell, C., et al, "Coexistence of Celiac and Thyroid Disease," *Gut*, 35(6): 844-846; June, 1994.

Cutolo, M., and Wilder, R.L., "Different Roles for Androgens and Estrogens in the Susceptibility to Autoimmune Rheumatic Diseases," *Rheumatic Diseases Clinics of North America*, 26(4): 825-839; 2000.

Donahue, D.J., "The Sightless Dog," *Dog Fancy Magazine*, February, 1996.

Duchen, M.R., "Mitochondria and Calcium: from Cell Signaling to Cell Death," *The Journal of Physiology*, 529: 57-68; 2000.

Ettelson, R., "White Canes for Blind Dogs," *Off — Lead*, November, 1987.

Field, T., "Massage Therapy," *Medical Clinics of North America*, 86(1): 163-171; January, 2002.

Foldvary-Schaefer, N., Harden, C., Herzog, A., and Falcone, T., "Hormones and Seizures," *Cleveland Clinical Journal of Medicine*, 71: 11S-18S; 2004.

Grabenstein, J.D., *Immuno Facts: Vaccines & Immunologic Drugs*. St. Louis: Facts & Comparisons, 1999.

Gulcan, H.G., Alvarez, R.A., Maude, M.B., and Anderson, R.E., "Lipids of Human Retina, Retinal Pigment Epithelium, and Bruch's Membrane/Choroid: Comparison of Macular and Peripheral Regions," *Investigative Ophthalmology and Visual Science*, 34(11): 3187-3193; October, 1993.

Higham, D., "Building a Harness and Hoop for a Blind Dog," *http://www.btinternet.com/~dave.higham/buildaharness.htm*, April 7, 2003.

Horger, B.A., and Roth, R.H., "Stress and Central Amino Acid System," *Neurobiological and Clinical Consequences of Stress: From Normal Adaptation to Post-Traumatic Stress Disorder*. Philadelphia: Lippincott-Raven, 1995.

Hughes, G.R.V., "The Antiphospholipid Syndrome: Ten Years On," *Lancet*, 342(8867): 341-344; August, 1993.

Jecs, D., *Choose to Heel, the First Steps: An Innovative Dog Training Manual*. Puyallup, Washington: Self-published, 1995.

Jerison, H., *The Evolution of the Brain and Intelligence*. New York: Academic Press, 1973.

Kidd, P. M., *Phosphatidylserine: The Nutrient Building Block That Accelerates All Brain Functions and Counters Alzheimer's*. New Cannan, CT: Keats Publishing. Inc., 1998.

Kim, H.W., Chew, B.P., Wong, T.S., Park, J.S., Weng, B.B., Byrne, K.M., Hayek, M.G., and Reinhart, G.A., "Dietary Lutein Stimulates Immune Response in the Canine," *Veterinary Immunology and Immunopathology*, 74(3-4); 315-327; 2000.

Kübler-Ross, E., *On Death and Dying*. London: The Macmillan Company, 1969.

Kübler-Ross, E., *On Death and Dying: What the Dying Have to Teach Doctors, Nurses, Clergy, and Their Own Families*. New York: Touchstone Books, 1969.

Krizaj, D. and Copenhagen, D.R., "Calcium Regulation in Photoreceptors," *Frontiers in Bioscience*, 7: 2023-2044; 2002.

Kumar, R., Lumsden, A.J., Ciclitira, P.J., Ellis, H.J., Laurie, G.W., "Human Genome Search in Celiac Disease Using Gliadin c-DNA as Probe," *Journal of Molecular Biology*, 300(5): 1155-1167; 2000.

Lechin, F., van der Dijs, B., Lechin, A.E., Orozco, B., Lechin, M.E., Baez, S., et al, "Plasma Neurotransmitters and Cortisol in Chronic Illness: Role of Stress." *Journal of Medicine*, 25(3-4): 181-192; 1994.

Levin, C.D., *Dogs, Diet, and Disease: An Owner's Guide to Diabetes Mellitus, Pancreatitis, Cushing's Disease, and More*. Oregon City, OR: Lantern Publications, 2001.

Levin, C., "Sudden Acquired Retinal Degeneration, Associated Pattern of Adrenal Activity and Hormone Replacement in Three Dogs: A Retrospective Study," *Proceedings of the 38th Annual Meeting of the College of Veterinary Ophthalmologists*, 38: 32; 2007.

Macdonald, D.W., *Running With the Fox*, London: Unwin Hyman Press, 1987.

McLellan, G.J., Elks, R., Lybaert, P., Watté, C., Moore, D.L., and Bedford, P. G., "Vitamin E Deficiency in Dogs with Retinal Pigment Epithelial Dystrophy," *Veterinary Record*, 151(22): 663-667; 2002.

Messonnier, S., *Natural Health Bible for Dogs and Cats: Your A-Z Guide to Over 200 Conditions, Herbs, Vitamins, and Supplments,* New York: Three Rivers Press, 2001.

Nickells, R.W., "Retinal Ganglion Cell Death in Glaucoma: The How, the Why and the Maybe," *Journal of Glaucoma*, 5(5): 345-356; 1996.

Nieman, L.K., "Diagnosic Tests for Cushing's Syndrome," *Annals of the New York Academy of Sciences*, 970: 112-118; September, 2002.

Nockels, C.F., Odde, K.G., and Craig, A.M., "Vitamin E Supplementation and Stress Affect Tissue Alpha-tocopherol Content of Beef Heifers," *Journal of Animal Science*, 74(3): 672-677; 1996.

Olson, L.," Anatomy of a Carnivore and Dietary Needs," *B-Natural's. Com Newsletter*, Spring, 1999.

Optigen staff, "Testing for (Old English) Mastiff and Bullmastiff Dominant PRA," *http://www.optigen.com*, April 28, 2003.

Plechner, A.J., and Zucker, M., *Pets at Risk: From Allergies to Cancer, Remedies for an Unsuspected Epidemic*, Troutdale, OR: New Sage Press, 2003.

Raber, J., "Detrimental Effects of Chronic Hypothalamic-Pituitary-Adrenal Axis Activation. From Obesity to Memory Deficits," *Molecular Neurobiology*, August, 18(1): 1-22; 1998.

Reme, C.E., Grimm, C., Hafezi, F., Wenzel, A., and Williams, T.P., "Apoptosis in the Retina: the Silent Death of Vision," *News in Physiological Sciences*, 15: 120-124; 2000.

Rensberger, B., *Life Itself: Exploring the Realm of the Living Cell*. Oxford: Oxford University Press, 1998.

Ross, C.B., and Baron-Sorensen, J., *Veterinarian's Guide to Counseling Grieving Clients*. Lenexa: Veterinary Medicine Publishing Company, 1994.

Sapolsky, R.M., *Why Zebras Don't Get Ulcers: An Updated Guide to Stress, Stress Related Disease, and Coping*. New York: W.H. Freeman & Co., 1998.

Sarjeant, D.D., and Evans, K., *Hard to Swallow: The Truth About Food Additives*. Burnaby, British Columbis: Alive Books, 1999.

Scott, D.W., Miller, W.H., Griffin, C.E., Muller, G.H., and Kirk, R.W., *Muller & Kirk's Small Animal Dermatology*. Philadelphia: W.B. Saunders Co., 2000.

Slatter, D., *Fundamentals of Veterinary Ophthalmology*. Philadelphia: W.B. Saunders Company, 2001.

Strombeck, D.R., *Home Prepared Dog & Cat Diets: A Healthful Alternative*. Ames: Iowa State University Press, 1999.

United States Congress, Office of Technology Assessment, "Fundamentals of Neurotoxicology," *Neurotoxicity: Identifying and Controlling Poisons of the Nervous System, April,* 1990.

Zigler, M., "Sudden Acquired Retinal Degeneration," *http://www.eyevet.info/sards.html*, April 22, 2003.

Wynn, S.G., Marsden, S., *Manual of Natural Veterinary Medicine*. St. Louis, MO: Mosby, 2003.

著者について

　キャロライン・レヴィンはそのユニークな職務経験をもとに，何百人もの失明した犬のご家族から得たさまざまなヒントを明快かつ系統的にまとめあげ，失明した犬のご家族のための情報をはじめて本にしました。この本の中で彼女は，新たに失明と診断された犬のご家族から最もよく聞かれる次の質問に答えることに成功しています。

「これからどうしたらいいのだろうか？」

　キャロライン・レヴィンの眼科医療における知識と経験は，オレゴン州ポートランドにあるグッド・サマリタン病院における眼科外科の看護師長からはじまります。その後，著名な眼科医の手術および診療アシスタントとなり，患者教育などに経験を広げます。レヴィンは患者に眼の病気についてさまざまなことを教え，またいろいろな組織と協力して視覚障害者の支援を行いました。

　10年間看護師として働いた後，レヴィンは看護師の現場を離れ，獣医眼科病院の運営責任者になります。ここでレヴィンは眼科の知識と犬への愛情を融合させ，眼に疾患を持つ犬のご家族が大いに必要としていた教育的資料をまとめることができたのです。レヴィンは数多くの失明した犬に会い，そのご家族と話をし，最初の2冊の本を執筆しました。本書『Living With Blind Dogs（眼が不自由な犬との暮らし方）』と『Blind Dog Stories（眼が不自由な犬の話）』です。

　その後レヴィンは，突発性後天性網膜変性症（SARD）と呼ばれる，失明に至る非常に深刻な犬の病気に注目します。SARDに関するレヴィンの研究は，獣医学の文献やさまざまな学会で発表されています。

　多くの経験を重ねるにつれて，レヴィンは読者から犬の健康管理に関するさまざまな質問を受けるようになり，それに応えて『Dogs, Diet, and Disease（犬，食事，そして犬の疾患について）』と『Canine Epilepsy（犬のてんかんについて）』という本を執筆し，前者は2001年に名誉あるDWAA（Dog Writers Association of America　全米ドッグ・ライター協会）マックスウェル賞の「ベスト・ヘルスケア・ブック」部門で賞を受賞しました。

　キャロライン・レヴィンはまた，犬の行動を深く理解し，訓練を成功させる手法を持っており，ドッグ・トレーナーとしても賞を受賞しています。

監訳をおえて

　犬との生活は，人生にたくさんの「色」を添えてくれる。
　ある脳科学者が，「犬を抱いていると目の前の異性がとても魅力的に見えてくる」と言っていたが，それほど特別な気分をわれわれにもたらしてくれる「何か」を，犬は持っている。「幸せ」などという言葉だけでは言い表すことのできない，実際に体験しないと分からない感覚である。

　この本を手に取った方の多くは，そんな「何か」をもたらしてくれる愛犬が失明したことに，大いに悲しんでいることであろう。たとえそれがどんなに深い悲しみ方であっても，人に笑われたとしても，それはあなたとあなたの愛犬が培ってきた関係から生まれた感情なのであり，あなたにしか分からない自然な感情なのである。著者の言葉にもあるように，その悲しみから抜け出すためには，まさに「かかったぶんだけの時間」が必要なのである。
　そのことを受け止め，愛犬のために新たな一歩を踏み出す気持ちの準備ができたら，ぜひさまざまなことにチャレンジしてほしい。「眼が不自由な犬との暮らし方」には，「これがベスト！」というお決まりの方法があるわけではないのである。この本にはそのためのヒントがたくさん書かれているし，ここまで読み切った読者の皆さんは，きっと皆さんならではの方法をすでに見つけていることと思う。

　さて，ここで眼科医として皆さんにお願いがある。この本には犬の眼が不自由になった後の暮らし方について詳しく書かれているが，眼が不自由になる前に，眼が不自由にならないようにすることについても考えてみてほしい。

　犬が失明してしまう病気の中には，早期診断することで治療や予防ができるものも少なくない。白内障は早期診断すれば手術で視覚回復が可能であり，緑内障や網膜剥離は早期診断すれば予防が可能である。そのためには，明らかな症状がないうちからアイチェックを受けていただくことをお勧めしたい。特に犬の白内障は1〜2歳という若齢でも発症するため，若齢のうちから注意が必要である。また，交配の前にもぜひアイチェックを受けていただき，眼の病気に苦しむ不幸な犬が増えてしまうのを予防してほしい。もしあなたがブリーダーであればなおさらである。

　素敵な「何か」を与えてくれる犬たちに，われわれからもできる限り恩返しをして，犬の生活と視覚にいつまでも素敵な「色」を添えてあげたいものである。

　最後に，長い間辛抱強くお力添えいただいた緑書房の森田浩平さんと羽貝雅之さん，細かい指摘にも熱心に対応していただいた翻訳者の稲垣真央先生と田村明子さん，大切な休日の時間を監訳に費やすことを応援してくれた家族に感謝して，本書の刊行を喜びたいと思います。

2014年5月

DVMsどうぶつ医療センター横浜　眼科医長
小林義崇

監訳者

小林　義崇（こばやし　よしたか）
1976年神奈川県横浜市生まれ。2002年東京大学農学部獣医学科卒業後，安部動物病院にて一般臨床および眼科を安部勝裕先生より享受する。2010年よりDVMsどうぶつ医療センター横浜（旧・横浜夜間動物病院）眼科医長を務める。比較眼科学会認定の獣医眼科学専門医。

翻訳者

稲垣　真央（いながき　まお）
1975年神奈川県鎌倉市生まれ。2000年日本大学農獣医学部（現・生物資源科学部）獣医学科卒業。2000年から2004年，2007年から2010年まで静岡県浜松市の動物病院に勤務。2011年6月よりDVMsどうぶつ医療センター横浜の勤務獣医師として眼科二次診療に携わる。
本書では第1章～第8章を主に担当。

田村　明子（たむら　あきこ）
1965年生まれ。東北大学法学部，モントレー国際大学院国際政策学部国際環境政策学科卒業。２２年におよぶ外資系企業人事の仕事を経て翻訳の道に。無類の動物好き。動物に関する良書の紹介を通してアニマルウェルフェアへの貢献を志す。犬2頭，猫4頭と同居中。
本書では第9章～第16章を主に担当。

眼が不自由な犬との暮らし方
共に幸せに生きるために訓練をしよう

Midori Shobo Co.,Ltd

2014年 6 月20日　第 1 刷発行 ©

著　者	キャロライン D. レヴィン RN
監訳者	小林　義崇（こばやし　よしたか）
翻訳者	稲垣　真央（いながき　まお），田村　明子（たむら　あきこ）
発行者	森田　猛
発行所	株式会社 緑書房 〒 103-0004 東京都中央区東日本橋 2 丁目 8 番 3 号 ＴＥＬ　03-6833-0560 http://www.pet-honpo.com
印刷所	株式会社 真興社

ISBN 978-4-89531-164-9　Printed in Japan
落丁、乱丁本は弊社送料負担にてお取り替えいたします。

本書の複写にかかる複製、上映、譲渡、公衆送信（送信可能化を含む）の各権利は株式会社緑書房が管理の委託を受けています。

JCOPY 〈（一社）出版者著作権管理機構　委託出版物〉
本書を無断で複写複製（電子化を含む）することは、著作権法上での例外を除き、禁じられています。本書を複写される場合は、そのつど事前に、（一社）出版者著作権管理機構（電話 03-3513-6969、FAX 03-3513-6979、e-mail：info@jcopy.or.jp）の許諾を得てください。
また本書を代行業者等の第三者に依頼してスキャンやデジタル化することは、たとえ個人や家庭内での利用であっても一切認められておりません。